20～30岁，你拿这十年做什么

20~30岁，你拿这十年做什么

谭卓然 编著

北京燕山出版社

图书在版编目（CIP）数据

20～30岁，你拿这十年做什么/谭卓然编著.—北京：北京燕山出版社，2023.3
 ISBN 978-7-5402-6691-2

Ⅰ.①2… Ⅱ.①谭… Ⅲ.①成功心理—青年读物 Ⅳ.①B848.4-49

中国版本图书馆 CIP 数据核字（2022）第 183141 号

20～30岁，你拿这十年做什么

编　　著	谭卓然
责任编辑	王　丽
封面设计	韩　立
插图绘制：	游路欣
出版发行	北京燕山出版社有限公司
社　　址	北京市西城区椿树街道琉璃厂西街 20 号
邮　　编	100052
电话传真	86-10-65240430（总编室）
印　　刷	三河市华成印务有限公司
开　　本	880mm×1230mm　1/32
字　　数	160 千字
印　　张	7
版　　次	2023 年 3 月第 1 版
印　　次	2023 年 3 月第 1 次印刷
定　　价	38.00 元
发行部	010-58815874
传　　真	010-58815857

如果发现印装质量问题，影响阅读，请与印刷厂联系调换。

 前言 PREFACE

20～30岁,是人一生中一个非常重要的阶段。此时,我们脱去了最初的懵懂,已经开始走向成熟。决定人生格局的重要几步也是在此时迈出的:选择职业、成就事业、进入婚姻、提升自我等都得在这个年龄段奠定基础。可以说,这个年龄段是人一生幸福的源头,是形成人命运差异的最关键时期。这一时期在工作、生活、家庭、事业等方面做好必须要做的事,才能为以后的人生飞跃打好基础,才能更快地到达成功的巅峰。

哈佛大学曾对此做了一项长达25年的跟踪调查,调查的对象是一群智力、学历、环境等条件差不多的年轻人。结果显示,3%的人25年后成了社会各界的顶尖成功人士,他们中不乏白手创业者、行业领袖、社会精英。10%的人大都在社会的中上层,成为各行各业不可或缺的专业人士,如医生、律师、工程师、高级主管,等等。而60%的人几乎都在社会的中下层面,他们能安稳地工作,但都没有什么特别的成绩。剩下的27%是几乎都处在社会的最底层,他们过得不如意,常常失业,靠社会救济,并且常常抱怨他人,抱怨社会,抱怨世界。从离开校园到职场人生，25年也许只是弹指一挥间。然而，25年过去，当同窗好友再一次相聚时，在人生的地平线上，一个无可回避的现实是：昔日朝夕相处、平起平坐的同学，有了明显的"社会价值等级"。造成这种等级区分的，当然有机遇、人际关系以及与之相对应的环境。但是，最重要的因素却在于每个人在20～30岁这个年龄段是否找到了自己的人生方向，是否懂得在重要的方面积累自己的成功资本。他们之间的差距，不是一时偶然形成的，而是从他们20岁的时候就开始逐渐拉开了。

但20～30岁的年轻人是最容易迷失自己的，而现在的迷茫，会造成10年后的恐慌，20年后的挣扎，甚至一辈子的平庸。为了帮助年轻人在20～30岁规划好自己的道路，少走弯路，顺利打开人生的局面，我们特地编写了本书，从找准定位、建立人脉、提升能力、打造心态、经营爱情等方面，对年轻人在20～30岁该做什么给出了具体的指导。本书是无数成功人士拼搏人生的智慧和经验的总结，每一条都是前人在实践中摸爬滚打，走了无数条弯路，摔了无数次跤，经受了无数次挫折才得来的，为处于人生十字路口不知何去何从的年轻人带来了实质性的指导。20岁的努力方式，决定了人生30岁后的打开方式。以后你会明白，20到30岁，中间不是十年，而是一生。

目录 CONTENTS

第一章　这十年，你一定要找到方向感

人生可以走直线 2

20多岁的选择，决定30多岁的成就 4

要随时看见目标 6

20多岁要拥有梦想 8

拥有一颗执着于梦想的心 11

20多岁的眼界，成就一生的高度 16

第二章　这十年，你要如何改变自己

适者生存，做人要随时调整自己 20

既然无法改变，那就去适应 22

年轻人要有担当 26

压力来时，勇敢面对 29

不要怕犯错，更别怕认错 32

征服自己，不做借口的奴隶 34

第三章　这十年，你要为成功做好准备

成功是勤奋努力的结果 40

勤奋的磨炼可以弥补不足 43

财富来自勤劳的双手 47

勤奋就是耐心做好每一次重复 50

机遇偏爱有准备的人 54

方法变换，引爆杰出头脑 58

第四章　这十年，你要掌握说话的技巧

尝试着驾驭话题 62

语言简洁明了，切忌喋喋不休 65

"我们"的功效远胜于"我" 68

病从口入，祸从口出 71

很少有人愿意听你的得意事 75

第五章　这十年，你要如何把工作做好

干一行爱一行，努力工作不抱怨 82

今日敬业，明日才敢谈创业 86

理想也可以"当饭吃" 91
你在为自己的未来工作 95
做事情要拿出信心 99
别把目光盯在那点薪水上 102

第六章 这十年，你要多留点"心眼儿"

巧借外力圆梦 106
冒险孕育着成功 110
善于把不利因素变为有利因素 113
主动示弱，赢得人心 116
灵活应变，全面兼顾 120
知己知彼，百战不殆 122
"糊涂"是一种聪明的处世之道 124

第七章 这十年，时间你已浪费不起

合理管理自己的时间 130
善于利用零碎的时间 133
有条不紊，先做最重要的事情 136
充分利用上下班的途中时间 139
拖延是最可怕的敌人 142

不要总让别人等你 144

第八章　这十年，你要做好影响一生的选择

选对方法，远比盲目努力要好 148

成功有时就是取与舍的较量 152

适合自己的才是最好的 156

选择并非越多越好 158

不舍得成本，就没有收益 162

第九章　这十年，你要培养自己的好习惯

习惯影响一生 168

让积极思考成为习惯力量 170

微笑是最好的习惯 174

跳出你的习惯 176

别踏着别人的脚印走 177

习惯能成就一个人，也能毁灭一个人 179

第十章　这十年，你要让内心变得强大

"能不能"在于你"信不信" 182

给自己一个自信的理由 185

感谢折磨你的人就是感恩命运 187

咀嚼苦难这块糖 189

先相信自己，别人才会相信你 191

成功不会怜悯妄自菲薄的自卑者 194

第十一章 这十年，你要寻找一个一起成长的伴侣

爱情需要经营 198

"培养"你的理想恋人 201

爱才是婚姻的基础 204

结婚不是找最好的，而是找最合适的 206

夫妻交流，避开 4 个误区 209

第一章 这十年，你一定要找到方向感

人生可以走直线

人生之路有很多条，如果每一条都去尝试，我们未必有如此多的机会和时间，但是确定目标，选择最适合自己的一条路将它走到底，我们便能闯出自己的一番事业来。想想我们从小到大有过多少梦想：我们想做通天彻地的孙悟空，想做神机妙算的诸葛亮，想做盖世英雄般的乔峰，想做迷倒万千少女的楚留香……

20多岁的我们即将闯荡世界，这些年幼时简单的梦想可能还会在我们的脑海中时不时地闪现。在出征之前，我们应该检查一下自己的背囊，整理那只装着各种梦想的口袋，然后毫不犹豫地朝着它大步走去。

山林中飞来一只凶狠的老鹰，它在长空中盘旋，寻找着猎物，突然它发现了两只在草丛间玩耍的兔子，兔子也发现了空中的老鹰，于是拔腿而逃。老鹰盯住一只较大的兔子，紧追不舍。兔子来了个急转弯，老鹰也跟着调转方向。几番较量后，老鹰终于抓住了兔子。

老鹰盯住了一只兔子，紧追不舍，最后得到了美餐，而如果它同时追逐两只兔子的话，结果很可能是一只也抓不到。同样，很多成功人士也是得益于专注于自己的目标。

在历史上，阿基米德不仅是一位伟大的数学家，还是一位伟大的力学家。他通过大量实验发现了杠杆原理，又用几何演绎的方法推出了许多杠杆命题，并给出了严格的证明，其中就有著名的"阿基米德定理"。不仅如此，阿基米德还是一位十分出色的工程师，他能够把数学和生活中的具体问题结合起来考虑，大胆地运用数学方面的知识去解决天文学和物理学的问题……他之所以能够取得如此辉煌的成就，就是因为他是一个非常投入于自己目标的人。

据记载，阿基米德钻研数学的时候非常专心，往往因为过于投入而忘记了其他的事情。比如在冬天吃饭的时候，他就坐在火盆旁边，一只手端着饭碗，一只手在火盆的灰烬里比画着，进行

各种数学习题的运算，因过于投入，常常忘了吃饭。

有一次，因为一道数学题没有解答出来，很长时间他都把自己关在房间里苦思冥想，由于一直没有时间去洗澡，他身上散发出一股难闻的气味。在家人的一再要求下，阿基米德才勉强进了浴室。

那时候的人们都有个习惯，洗完澡之后要往身上擦香油膏。阿基米德待在浴室里好半天还不出来，家人感到十分奇怪。他们站在门外喊了几声，可是一点回应也没有。这是怎么回事？会不会出了什么意外？

家人赶紧推开门，令人哭笑不得的是，他们发现阿基米德已经忘了自己是在洗澡，他把浴室当成了工作室，正坐在浴盆的边缘，用手指头蘸着香油膏在皮肤上画几何图形。

人生苦短，确立自己的目标，然后大步流星地走去，"直线"的前进方式可以让你在某一个领域研究得更加深入，行走得更加专注，也更加接近成功。

20多岁的选择，决定30多岁的成就

"你过去或现在的情况并不重要，你将来想获得什么成就才最重要。除非你对未来有理想，否则做不出什么大事来。有了目标，内心的力量才会找到方向。"这是美国成功学家拿破仑·希尔关于"理想"的一段话。从古至今，我们都在强调一个人要有

理想，近代成功学也将理想纳入个人自助计划的重要步骤。理想固然很重要，但从确定理想那一刻开始，你的行动更重要，因为它决定了你是否可以实现理想。

如果将我们熟知的成功者们的今天当作一个点，从这个点往昨天、前天倒推，我们会发现，其实他们在20多岁的时候与我们很相似。而差距是从20多岁确定人生目标之后，他们选择用一天天时间、从一件件事情上慢慢拉近自己与成功之间的距离。

娱乐圈中的明星很多，昙花一现的不计其数，但是有些人却能够越老越红，成为真正的偶像明星。他们的成功看起来很容易，似乎就是唱几首歌、演几部电影，但为什么偏偏是他们而不是别人，为什么好运气都降临在他们身上？这其实与个人的选择有关。

但凡一件事情，是否能够做得到、做得好，其实就是一个选择的问题。也许看上去只是一件小事，但最终却会影响你的整个人生轨迹。

也许很多人会抱怨命运的不公，然后自怨自艾，最后不认真对待角色，久而久之，连群众的龙套都没得跑。

有这样一句很流行的话："把每一件普通的事情做好就是不普通，把每一个平凡的日子过好就是不平凡。"

也许，在你20多岁的时候，你觉得自己对一切都无所谓。什么成功、成就，那只是指日可待的事情；什么机会、人脉，那也只是等着自己去俯身拾取的东西。似乎自己在30多岁的时候，注定是成功的。其实，你对每一天的生活的态度，对每一件小事的选择，决定了你未来会有多大的成就。

也许你觉得，假如自己在娱乐圈每天工作在聚光灯、荧光棒的照耀下，也会全心全意地付出。事实上，在哪里工作，做什么样的工作并不是最重要的，重要的是你选择用怎样的态度去工作。你想做老师，想做记者，想做娱乐明星，等等，却一样也没有用心去做。在该踏踏实实努力的年纪里，你选择的是挥霍青春、虚掷光阴。等到别人开始收获自己20多岁种下的种子，获得丰收的时候，你才发现自己的田野中长满荒草，那是何等的悲哀和令人追悔！

春种，夏长，秋收，冬藏。每一个环节都是下一个环节的铺垫，我们的人生也是按照这样的规律在前进。你所浪费的今天，正是昨日殒身之人渴望的明天。如果你希望能够拥有一个丰收的秋季，那么在20多岁的人生之夏，请选择用勤奋和努力来把握住每一天吧！

要随时看见目标

人生如一台戏，很多人只是在"演戏"，却不知道结局会怎样，就像一边拍一边播的连续剧，根据个人表现来决定故事的结尾。其实，每个人都有自己的目标，只是演着演着，就失去了自己的那个目标。如果在迈向成功的道路上一直努力不懈地奋斗，可放眼望去，却看不到成功的半点影子，不禁会让人觉得灰心泄气甚至是害怕。如果随时放眼望去都能看到目标，那么成功的希望就会被再度点燃。因此，一个明确、合理的目标对20多岁的年轻人来说，是很重要的。

有时候我们无法实现目标并不是因为自身的能力不济，而是我们经过不断的努力，但仍然没有看到目标而产生了迷茫。这种迷茫甚至比"替身""贫穷""泄气话"更可怕，它会对意志力进行彻底地打击，使我们失去对成功的信念。

可以说，一个人之所以伟大，首先在于他有一个伟大的目标。规划你的人生，确定目标是首要的战略问题。目标能够指导人生、规范人生，是成功的第一要义。目标之于事业，具有举足轻重的作用。忽视目标定位的人，或是始终确定不了目标的人，他们的努力就会事倍功半，难以达到理想的彼岸。

日常生活中，你一定会先确定目的地，并且带好地图，才会出远门。然而，100个人当中，大约只有两个人清楚自己一生要的是什么，并且有可行的计划达到目标，他们是没有虚度此生的成功者。一个一心向着自己目标前进的人，整个世界都会给他让路。如果你确定知道自己要什么，对自己的能力有绝对的信心，你就会成功。

刚毕业是人生的一个新阶段，校园生活的结束意味着社会生活的开始。这一阶段是规划人生的最好时期，只有明确未来的生活方向，才会让人生绚丽多姿。确定心中想要的生活，可以利用以下4个步骤，认清你的目标：

第一，把你最想要的东西用一句话清楚地写下来。当你得到你想要的事物时，你就成功了。

第二，写出明确的计划，如何达成这个目标。

第三，制订完成既定目标明确的时间表。

第四，牢记你所写的东西，每天复述几遍。

按照这四项步骤，很快，你会惊讶地发现，你的人生越来越好了。

远大的目标可以激发人的斗志，但过于遥远的目标容易让人觉得漫长，产生迷茫以至绝望的情绪。如果我们将它分解成多个容易完成的小目标，这样我们在完成每个小目标之后，就又能感觉到新的希望了。而这希望就是支持我们走下去的动力。

确定一个随时让自己看得见的目标，不要被眼前那一层让人迷茫的"雾"给击败。

20几岁的年轻人要记住，成功都是下定决心并且相信自己能做到的人，以切实的行动、谨慎的规划及不懈地努力拼搏奋斗而达到的结果。

20多岁要拥有梦想

年轻人应该拥有梦想，一个人若没有了梦想，就如同失去方向的行舟。在激流中横冲直撞，直到筋疲力尽，然后随波逐流。如果在我们启动征程之前，就先确立一个明确的目标并始终认定这个方向，那么我们在拼搏的时候就不至于漫无目的。

"西楚霸王"项羽自小与叔父项梁一起生活。时逢乱世，安身立命需要有一技傍身。项羽先是跟从叔父学习读书识字，可没学几天就觉得不耐烦，便放弃了，并且理直气壮地对项梁解释说："读书识字，只要会写自己的名字就行了。"没办法，既然不肯学文那就教他习武吧。于是项梁又改教项羽学习剑术，结果和上次一样，项羽的态度依然非常不屑一顾，说道："剑术再好，终究只能敌对一人，要学便学敌对万人的本领。"项梁听后非常气愤，只恨这小子不争气。

一日，项羽随项梁出行，刚好遇到秦始皇出巡行至会稽郡，仪仗行伍繁盛，声势场面非常雄壮。项羽雄心顿起，目光直指秦始皇，豪言遂出，说道："他日，我一定会取代他的地位。"项梁听他说出如此"大逆不道"的话，非常惊恐，赶紧捂住项羽的嘴，带着项羽离开了。此后项梁也知道项羽其志不在习文弄武，于是便教项羽学习兵法。

秦末，由于二世皇帝昏庸无能，朝政暴虐，因此我国历史上爆发了第一次反抗暴政的农民起义。项羽随叔父项梁也加入了以陈胜、吴广为首的农民起义军，在反抗暴秦统治的斗争中，项羽骁勇过人，战功赫赫，为推翻秦朝的残暴统治立下汗马功劳。

项羽本无尺寸之地，但凭一身虎胆、满腔凌云之志，乘势起于陇亩之中，仅历时三年，便率领五路诸侯灭掉秦朝。项羽以盟主的身份，裂地封王，从此"政由羽出，号为'霸王'"。

苏东坡说："古之立大事者，不唯有超世之才，亦必有坚忍不拔之志。"一个要成大事的人，一定要有一个伟大的志向。

法国有一位普通的乡村邮递员，每天徒步奔走在各个村庄之间。一天，他在崎岖的山路上被一块石头绊倒了，他捡起那块石头，并不是勃然大怒狠命一摔，而是左看右看，竟对这块石头有些爱不释手。于是，他把那块石头放进自己的邮包里。村民们看到他的邮包里除了信件之外，还有一块沉重的石头，都感到很奇怪，劝他把石头扔了。他取出那块石头，有些得意地说："你们看，有谁见过这样美丽的石头？"人们有些不屑一顾："这样的石头山上到处都有，够你捡一辈子。"

到家后，邮递员突然产生一个念头，如果用这些美丽的石头建造一座城堡，那将是多么完美！后来，他在送信的途中都会捎上几块好看的石头。年复一年，在梦想的感召下，他再也没有过上一天安闲的日子。白天他是一个邮差和一个运输石头的苦力，晚上他又是一个建筑师，他按照自己的想象来构造自己的城堡。对于这个近似疯狂的举动，人们都感到不可思议，认为他的大脑出了问题。

20多年后，在他偏僻的住处，出现了许多错落有致的城堡。1905年，法国的一名记者偶然发现了这群城堡，这里的风景和城堡的建造格局令他惊叹不已，因此写了一篇介绍城堡及其建筑者的文章。文章刊出后，这位邮差——希瓦勒迅速成为新闻人物。许多人慕名前来参观，连当时最著名的艺术大师毕加索也专程参观了他的建筑。如今，这群城堡已成为法国最著名的风景旅游点之一,它的名字就叫作"邮递员希瓦勒之理想宫"。据说,入口处立着当年绊倒希瓦勒的那块石头,上面刻着一句话:"我想知道一块有了愿望的石头能走多远。"

拥有梦想,一块块石头可以筑成一座城堡,因为"有志者,事竟成"。

我们都不希望自己碌碌无为地度过一生,为此,现在我们就在自己的心中种下一粒梦想的种子吧。尽管在收获成功的硕果之前,我们会付出很多汗水和泪水,但我们勇于向前、义无反顾,因为我们拥有梦想。

拥有一颗执着于梦想的心

在为了达到目标而付出行动之前,我们心里对即将遇到的挫折和困难或多或少都有一个大概的估计,并且会对此做好一些相应的心理准备。然而"善始者实繁,克终者盖寡",即便是做好了心理准备,在迈向成功的奋斗路程中,还是会有许许多多的人无功而返。我们或耽于声色之娱,或因沉迷诱惑而失去梦想,抑或是被巨大的挫折与困难所震慑……所有的这些,都是因为我们没有坚忍的意志力以及一颗执着于自己梦想的心。

摩西奶奶是美国弗吉尼亚州的一个农妇,76岁时因关节炎放弃农活,这时她给了自己一个新的人生方向,开始学习梦寐以求的绘画。80岁时,她到纽约举办画展,引起了意外的轰动。

她活了 101 岁，一生留下 600 余幅绘画作品，在生命的最后一年还画了 40 多幅。

不仅如此，摩西奶奶的行动也影响到了日本大作家渡边淳一。渡边淳一从小就喜欢文学，可是大学毕业后，他一直在一家医院里工作，这让他感到很别扭。马上就 30 岁了，他不知该不该放弃那份令人讨厌却收入稳定的工作，转而从事自己喜欢的写作。于是他给耳闻已久的摩西奶奶写了一封信，希望得到她的指点。摩西奶奶当即给他寄了一张明信片，上面写了这么一句话："做你喜欢做的事，上帝会高兴地帮你打开成功之门，哪怕你现在已经 80 岁了。"

人生是一段旅程，方向很重要。只有掌握了自己人生的方向，每个人才可以最大化地实现自己的价值，正如摩西奶奶和渡边淳一一样。

找到人生方向的人是快乐的，他们的生活与他们所向往的人生方向是相一致的，这样的生活也让他们的生命更加有意义。

不可否认，因为出生背景、受教育程度等方面原因，每个人的起点有高低之分，但是起点高的人不一定能将高起点当作平台，走向更高的位置。起点低也不怕，心界决定一个人的世界，有想法才有地位。20 几岁的年轻人首先要有梦想，才会有成功的机会。

《庄子》开篇的文章是"小大之辩"。说北方有大海，海中有一条叫作鲲的大鱼，宽几千里，没有人知道它有多长。还有一只鸟，叫作鹏。它的背像泰山，翅膀像天边的云，飞起来，乘风直上九万里的高空，超绝云气，背负青天，飞往南海。蝉和斑鸠讥笑说："我们愿意飞的时候就飞，碰到松树、檀树就停在上边；有时力气不够，飞不到树上，就落在地上，何必要高飞九万里，又何必飞到那遥远的南海呢？"

那些心中有梦想的人往往不能为常人所理解，就像目光短浅的麻雀无法理解大鹏的鸿鹄之志，更无法想象大鹏靠什么飞往遥远的南海。因而，像大鹏这样的人必定要比常人忍受更多的艰难曲折，忍受更多的心灵上的寂寞与孤独。他们要更加坚强，并把这种坚强潜移到自己的远大志向中去，这就铸成了坚强的信念。这些信念熔铸而成的理想将带给大鹏一颗伟大的心灵，而成功者正脱胎于这种伟大的心灵。尤其是起点低的人，更需要一个远大的梦想。

"打工皇后"吴士宏是第一个成为跨国信息产业公司中国区总经理的内地人，也是唯一一个取得如此业绩的女性，她成功的秘诀是："没有一点儿雄心壮志的人，是肯定成不了什么大事的。"

吴士宏年轻时命途多舛，还患过白血病。战胜病魔后，她开始珍惜宝贵的时间。她仅仅凭着一台收音机，花了一年半的时间就学完了许国璋英语三年的课程，并且在自学的高考英语专科毕业前夕，她以对事业的无比热情和非凡的勇气通过外企服务公司成功应聘到IBM公司，而在此前外企服务公司向IBM推荐的好多人都没有被聘用。她的信念就是："绝不允许别人把我拦在任何门外！"

在IBM工作的最早的日子里,吴士宏扮演的是一个卑微的角色,沏茶倒水,打扫卫生,完全是体力劳动。在那样一个纯高科技的工作环境中,她由于学历低,所以经常被无理非难。

吴士宏暗暗发誓:"这种日子不会久的,绝不允许别人把我拦在任何门外。"后来,吴士宏又对自己说:"有朝一日,我要有能力去管理公司里的任何人。"为此,她每天比别人多花6个小时用于工作和学习。经过艰辛的努力,吴士宏成为同一批聘用者中第一个做业务代表的人。继而,她又成为第一批本土经理,第一个IBM华南区的总经理。

在人才济济的IBM,吴士宏的起点不高,但她十分"敢"想,想要"管理别人"。而一个人一旦拥有远大的梦想,也会像一颗种子一样,经过培育和扶植,它就会茁壮成长,开花结果。

迈向成功的道路往往是非常艰苦的,面对苦难,始终抱有"咬定青山不放松""任尔东南西北风"的坚忍意志和执着精神,苦难自会退避三舍。"拨云雾而见青天",苦难的风雨过后,最终迎接我们的一定会是成功的晴天朗日。

放弃梦想就等于放弃自己,所以拿出你的决心,用坚忍的毅力、执着的精神跟挫折与困难斗争。"逆风的方向,更适合飞翔。我不怕千万人阻挡,只怕自己投降。"在挫折与困难的胁迫下,紧握梦想的手,不松开,不妥协。

　　人生最精彩的不是梦想实现的瞬间,而是实现梦想的过程。

20多岁的眼界，成就一生的高度

李嘉诚成为华人首富有很多因素，其中，成为富人的愿望是必不可少的。1940年初，12岁的李嘉诚随家人逃难到香港。在香港，李嘉诚接触到了完全不同的文化，粤语、英语等让他眩晕。

李嘉诚十分清醒，由于当时香港受英国人统治多年，其官方语言是英语，因此，英语是在香港生存必须要掌握的重要的语言工具。于是，李嘉诚为尽最大努力去学习英文、适应新环境，为了更好更快地收到效果，他不怕被人笑话，总是用不太熟悉的英语大胆与人交流。此外，他还找表妹做英语辅导，日夜刻苦训练。终于，顺利克服英语这一难关的李嘉诚才算在香港扎下根来。

然而此时，李嘉诚所要考虑的不仅仅是自己的生活状态，作为家中长子，李嘉诚还要承担起整个家庭的生活重担。当时香港的经济比现在落后得多，生活艰难，贫困使不少香港人衣不蔽体、食不果腹，不祈求富贵显达，能够保证温饱已让人心满意足。但是，李嘉诚的志向远不在此，纵然是在如此恶劣的环境之下，他依然决心要开创一番大业。

立下大志的李嘉诚勤勤恳恳地工作，别人工作8个小时，而他工作16个小时，勤奋努力的李嘉诚很快就在生活上有了较大的改善。但是，李嘉诚的目的不仅仅在于"过上好的生活"，他的视野在全世界。

当李嘉诚到塑胶厂的时候,他发现塑胶裤带公司有7名推销员,而自己最年轻、资历最浅。其他几位都是历次招聘中的佼佼者,经验都比自己丰富,已有固定的客户。但是李嘉诚并没有因此放弃,他很迅速地给自己定下了一个短期目标:"3个月内,干得和别的推销员一样出色;半年后,超过他们。"

事实也正是如此,不久,李嘉诚便实现了他的预定目标:超越另外6个推销员。年终业绩统计时,连李嘉诚自己都大吃一惊,自己的销售额竟然是第二名的7倍!很快李嘉诚又被提拔为部门经理,两年后,他又被任命为总经理,全权负责公司日常事务。

成为总经理之后,李嘉诚依然没有放低对自己的要求,而是又为自己确定了新目标,那就是创立自己的公司。于是他愈加勤奋地积累自己的实力,坚定不移地向着新目标前进。虽身为总经理,但他始终把自己当作小学生,大部分时间蹲在工作现场,身穿工作服,同工人一起干活。每道工序他都会亲自尝试,李嘉诚希望自己能做到不但熟稔推销工作,并且对整个生产及管理环节都要很熟悉。他再一次做到了,于是请辞,开始着手开办自己的公司。

辞去总经理职位的李嘉诚,用个人资金开创自己的事业,有了自己的公司。这时他的目标开始清晰了,就是首先要开办一所塑料花厂,作为事业展开的第一步。但这只是第一步,因为在他心中,塑料花厂的建立和运作成功只是他的众多目标之一,李嘉诚还有很多更远大的目标。李嘉诚的塑料花厂办得非常成功,他也因此赢得了"塑料花大王"的称号。但对李嘉诚来说，塑料花厂只不过是起步而已，他下一个目标就是进军当时的地产界。事情进展得很顺利，他成功地在地产行业中打出名堂，而且创建了香港最有实力的地产发展公司。

李嘉诚的事业已极具规模，但他并不因此而满足。此后，李嘉诚又通过一连串的收购活动，不断壮大自己的企业。这仍然是他逐步实现个人理想的过程。每一个目标完成之后，他都会有另外更多的目标，而且通常都是更高的目标。他在实现自己理想的过程中，不断制定不同的、较为具体的目标，然后一步一步地向这些具体目标进发。

综观李嘉诚的一生，他无论走到哪一步，都在完成自己为自己设定的一次次挑战，在每次完成中都积累了丰富的人生与商业经验，无数次成为同事中的佼佼者。现已是华人首富的李嘉诚仍在不断追求，神话还将延续下去。每个阶段的李嘉诚都是坚定不移的，原因就在于他的远大追求，所以他总是可以忍受每一步的艰辛，依然在布满荆棘的路上披荆斩棘，每一步都走得踏实坚定。李嘉诚曾如此说："只要你愿做某件事情，就不会在乎其他的。"这便是他成功的最好概括。

李嘉诚的眼界决定了李嘉诚成功的高度。

有了志向，才不至于在艰辛的奋斗道路上茫然失措，前进的脚步才走得从容而安详。目标之于事业，具有举足轻重的作用。奋斗者一定要有梦想，梦想正是步入成功殿堂的源泉。一个人之所以伟大，首先在于他非凡的眼界。

第二章
这十年，你要如何改变自己

适者生存,做人要随时调整自己

做人如果不能适时地变通自己,那么有一天你就会被环境和时代所抛弃。这个世界上永远没有一成不变的东西,只有适时调整自己的人生方向,调整自己的前进方略,才能领略到人生的精彩。生活中,很多时候都需要我们去适应环境,而不是让环境适应自己。如果总是固执地凭借本身的能力和变化的环境相抵抗,到最后吃苦头的还是自己。

社会心理学教授在讲台上告诉他的学生们:"奋斗通常是指一种强硬的人生态度,主张不屈不挠,勇往直前。但事实上,人面对社会乃至整个自然界,是极其渺小的。因此,不要因为年轻的激情而被'奋斗'这个词误导。"

学生们很惊奇,这样的话竟然由敬爱的导师讲出来,活像某个小品中的场景。教授显然看懂了台下的情绪,笑呵呵地说:"在我看来,奋斗包含两个层面——积极斗争和消极适应。请大家随我走一趟。"

数十号人来到教授家门前的草坪上,教授指着一棵老槐树说:"这里有一窝蚂蚁,与我相伴多年。"学生们凑上前观看:树缝里有小洞,小蚂蚁们东奔西跑,进进出出,很是热闹。教授说:"近些日子,我常常想办法堵截它们,但未能取胜。"学生们发现,树周围的缝隙、小洞大多被泥巴、木楔给封住了。

"可它们总是能从别处找到出路。"教授说,"我甚至动用樟脑丸、胶水，但是，它们都成功地躲过了劫难。有一段时间，我发现它们唯一的进出口在树顶，这是很不方便的；而一周后，我发现它们重新在树腰的空虚处开辟了一个新洞口。"

学生们表示钦佩。教授说："蚂蚁们的生存环境不比你们广阔，它们的奋斗舞台实在很狭窄，更重要的是，它们深深理解自己的力量。因此，它们没有与我这个'命运之神'对抗，而是忍让与适应。当它们知道自己无法改变洞口被堵死这一事实时，它们就很快地适应了。而自然界中那些善于拼搏、厮杀的猛兽，如狮子、老虎、熊，目前的生存境况大多岌岌可危，因为它们与蚂蚁相比，似乎不太懂得奋斗的另一层力量——适应。"

教授说："适应环境本身就是奋斗的组成部分，只有在此基础上开辟战场去对抗，生活才有胜算的光明。"

年轻人就应该懂得适应环境，根据周遭局势的变化来调整自己的心态与规划，即使你是做出了成绩的大功臣，但当身边的环境发生了变化时，如果还沉浸在其中，用自己过去的功劳做筹码，肯定是要被打倒的。做人要聪明，应该懂得世界上没有什么东西是永恒的，外部环境已经发生变化了，自己本身具有的东西也要适当地加以调整。如若非要固执行事，那么，恐怕吃亏的只能是自己。

我们的生存离不开环境，随着环境的变化，我们必须随时调整自己的观念、思想、行动及目标，这是生存的必需。

但是，有时候环境的发展，与我们的事业目标、欲望、兴趣、爱好等发展是不合拍的。环境有时也会阻碍、限制我们欲望和能力的发展。这个时候，如果我们有办法来改变环境，使之适合我们能力和欲望的发展需要是最理想的。

那么，究竟怎样才能很好地适应环境呢？你可以从以下两点做起：

1. 把自己置身于客观环境中

从实际出发，正确认识客观环境的现实，不逃避现实也不做无根据的幻想，从而把自己置于这个环境之中，了解它，掌握它并进一步改造它。

2. 改变不了环境就改变自己

从主观上要采取积极态度，不是消极等待。在选择对策时应当审时度势，有条件的选择改造环境的条件，无条件的选择改造自身的办法，这样才能既不想入非非，又不自暴自弃，从而找到最佳方案。

不论适应环境，还是改变自己，都要有一个转变和考虑的过程，在这个过程中，往往会有某些困扰。但不管有什么阻碍和困扰，只要你采取了积极的心态，就会从环境中得到自由。

既然无法改变，那就去适应

在生活中，我们不能控制所有事情。当那些我们不能掌控的事情发生时，我们首先应该做到承认它的存在，然后才有可能面对它，进一步来改变自己的生活，这是一种积极的人生策略。

有一个人在社会上总是不得志，有人向他推荐了一位得道大师。

他找到大师，倾诉了自己的烦恼。大师沉思了一会儿，默然舀起一瓢水，说："这水是什么形状？"这人摇头："水哪有形状呢！"

大师不答，只是把水倒入一个杯子，这人恍然，说道："我知道了，水的形状像杯子。"

大师无语，轻轻地拿起花瓶，把水倒入其中。这人又说道："哦，难道说这水的形状像花瓶？"

大师摇摇头，把水倒入一个盛满花土的盆中。水很快就渗入土中，消失不见了。这人陷入了沉思。这时，大师俯身抓起一把泥土，叹道："看，水就这么消失了，这就是人的一生。"

那个人沉思良久，忽然站起来，高兴地说："我知道了，您是想通过水告诉我，社会就像一个个有规则的容器，人应该像水一样，在什么容器之中就像什么形状。而且，人还极可能在一个规则的容器中消失，就像水一样，消失得迅速、突然，而且一切都无法改变。"

这人说完，眼睛急切地盯着大师，渴盼着大师的肯定。

"是这样的。"大师微笑，接着说，"又不是这样！"说完，大师起身出门，这人紧随其后。

在屋檐下，大师伏下身，用手在青石板的台阶上摸了一会儿，然后顿住。这人把手指伸向大师手指所触之地，那里有一个深深的凹口。

大师说:"下雨天,雨水就会从屋檐落下。你看,这个凹口就是雨水落下的结果。"

此人大悟:"我明白了,人可以被装入规则的容器,又可以像这小小的雨滴,改变这坚硬的青石板,直到容器破坏。"

大师点头说道:"对。"

年轻人应该明白,人生当如水,无常形常式,却包容万物,无往不利。能屈能伸,乃智者人生。

的确,在我们还没有能力做强者之时,就该适应环境,在逆境中努力掌握生存的法则,保存实力,以待转机。等到顺境时,幸运和环境皆有利于我,乘风万里,扶摇直上,以顺势应时,更上一层楼。

一个人不懂得去适应环境,那么,估计还没等到好时机,就已经被社会淘汰了。所以,要做一个适者,就得学会有刚有柔。人太刚强,遇事就会不顾后果,迎难而上,这样的人容易遭受挫折,人生苦短,能忍受几多挫折?人太柔弱,遇事就会优柔寡断,坐失良机,这样的人很难成就大事。

20几岁的年轻人,放下你的焦躁,学会从适者做起,为人生更高的目标慢慢积累资本。

美国著名的哲学家威廉·詹姆斯说过:"要乐于承认事情就是这样的。"他说:"能够接受发生的事实,就是能克服随之而来的任何不幸的第一步。"正如杨柳承受风雨、水适于一切容器一样,我们也要承受一切不可逆转的事实。

人这一生中,肯定会碰到一些令人不快的事情,但是事情既然已经发生了，就无法改变，它们既然是这个样子，就不可能是其他的样子。这个时候，我们需要做的就是把它当成一种客观存在而去接受，并适应它，否则，它会毁掉我们的生活。

几十年来，莎拉一直是四大洲剧院里独一无二的皇后——全美国观众喜爱的一位女演员。后来，她在71岁那年破产了——所有的钱都损失了，而且她的医生，巴黎的伯兹教授告知她必须把腿锯掉。事情是这样的：

她在横渡大西洋的时候碰到了暴风雨，摔倒在了甲板上，她的腿内伤很重，她还染上了静脉炎，腿痉挛的剧烈疼痛使医生诊断她的腿一定要锯掉。这位医生不太敢把这个消息告诉莎拉，他觉得，这个可怕的消息一定会使莎拉大为恼火。可是他错了，莎拉看了他一会儿，然后很平静地说："如果非这样不可的话，那就只好这样了。"

当她被推进手术室的时候，她的儿子站在一边伤心地哭泣。她朝他挥了挥手，高高兴兴地说："不要走开，

我马上回来。"

在去手术室的路上,她一直背着她演出的一出戏里的台词。有人问她这么做是不是为了提起自己的精神,她说:"不,是要让医生和护士们高兴,他们受的压力可大得很呢。"

当手术完成,恢复健康之后,莎拉继续环游世界,使她的观众又为她痴迷了七年。

人生之路充满了许多未知未卜的因素,当我们面对这些无法更改的现实时,明智的做法就是承认它的存在,并对它作出积极乐观的反应,这才是一种可取的态度。许多年轻人面对不可改变的环境,总是不停地抱怨,这样是解决不了问题的。

不敢面对现实是弱者的行为,它会让你在现实面前越来越乏力,最后被生活所控制,失去自我,也失去了人生的乐趣。承认已经发生的不幸需要勇气,但是只要你做到了,你的人生就会是另外一番景象。

年轻人要有担当

年轻人如果把自己比喻成一棵树苗,就要悉心照顾,浇水、施肥、松土,那么小树就会苗壮成长,终有一天会长成参天大树,结出丰硕的果实。如果没人去管它,任其在黑暗的环境下,得不到阳光的照耀,吸收不到营养,那只能是自生自灭,中途夭折或是藤枯树死。所以,每个年轻人都应该对自己的人生负责,让你的生命之树常青。

有的年轻人胸无大志，终日无所事事，做一天和尚撞一天钟，这是对自己的极端不负责任。有的年轻人懒惰成性，好吃懒做，最终踏上了一条不归路，这也是对自己极端的不负责任。

一个有魅力的年轻人首先应该是一个对自己负责任的人，他表现为自信、自尊、自爱、自控。责任是一条无形的鞭子，少年时，也许我们在父母的保护下，不曾觉察到它的存在；但一到我们有了自立的能力，踏入社会，责任就一圈又一圈地裹缠在我们身上。为人子女时，我们只要念好书，考好学校，父母师长就对我们很满意；踏入社会后，为人夫或为人妻后，爱人仰望着我们，希望我们能够尽力营造好一个温馨的家。当然，除了为人子女、为人夫或为人妻之外，我们对亲友和社会，也有责任。

从前，一个人去找智者，寻求解脱之法。

智者给他一个篓子背在肩上，指着一条沙砾路说："你每走一步就捡一块石头放进去，看看有什么感觉。"

年轻人按照智者说的去做了。过了一会儿，年轻人走到了头，智者问他感觉怎么样，年轻人说："越来越沉重。"

智者说："这也就是你为什么感觉生活越来越沉重的道理。当我们来到这个世界上时，我们每人都背着一个空篓子，然而我们每走一步都要从这个世界上捡一样东西放进去，所以才有了越走越累的感觉。"

年轻人问："有什么办法可以减轻沉重吗？"

智者问他："那么你愿意把工作、爱情、家庭、友谊哪一样拿出来呢？"

年轻人不语，沉思片刻后，顿悟离去。

生活的担子越重，越能体会到生活的滋味。

年轻人已经是成年人，生活对于你，可以说是一系列的责任与承担这些责任的过程。自我、工作、家庭等，作为一个社会人，你能逃脱这些吗？就算可以逃脱，你有勇气放弃这一切吗？因为这就是精彩的人生，你为他们付出的同时，也从中得到了无限的乐趣。生活就是一个包袱，你只有不断地往里面放东西，它才会越来越充实。

责任就是在人生中勇敢担当、也是对生活的积极约束，责任还是对自己所负使命的忠诚和信服。一个充满责任感的人，一个勇于承担责任的人，会使他的生命更有力量、使他的人生更加充实和丰富。在这个世界上，每一个人都有不同的角色，每种角色都有不同的作用。在某种意义上说，扮演角色最大的成功是对责任的完成，正是责任让我们在困难当中能够坚持，在成功当中能够保持冷静，在懈怠的时候能够做到不放弃。

责任是一种动力，责任也是一种希望，责任能够创造更加幸福美好的人生，美好的人生就在实现责任的过程中得到。

很多年轻人在工作中往往有这样一种心态，自己不是领导者，因而只做与自己职责相关，并与自己所得薪水相称的那些工作，这样一种心态定位，使你只盯着自己分内的那些工作，而不想额外多干一点儿，甚至经常以老板苛刻为理由，连自己分内的工作都不努力去做，敷衍搪塞，偷懒混日，被动地应付上司分派下来的工作，结果几年过后，除了拿那点薪水，你毫无所获，甚至因态度不积极，自己的那份工作和薪水也保不住。

如果你以老板的心态来工作，那么，你就会以全局的角度来考虑你的这份工作，确定这份工作在整个工作链中处于什么位置，你就会从中找到做分内工作的最佳方法，会把工作做得更圆满、更出色。以这种心态进行工作，你就不会拒绝上司指派的你有时间和精力来承担的工作。

勇于负责是一个人的美德，也是一个人取得成就的前提。有责任感的人能够坦然地面对逆境，能够在各种各样的诱惑面前把持住自己，能够真正拥有正直、自爱之心。

压力来时，勇敢面对

动物冬眠，藏起来不食不动称为"蛰"。"蛰居"，意为长期隐居在某个地方，不出头露面。在西方社会里，身体、精神健康的正常人因为种种原因长期居家不与外界接触，成为"都市隐士"的情况也颇为普遍。这种人通常被称作"蛰居族"。"蛰居族"的代表口号是："让压力见鬼去吧，我不喜欢它，我就是失败，这就是我想要的生活……"

工作难找、生存压力大是这类人群出现的主要原因。面对压力，一部分年轻人被激发出了生存能力潜能，但也不可避免让一部分年轻人出现不适应，因"边界感"模糊而出现烦恼。甚至哀伤、痛苦，这些感受又驱使人产生很强的焦虑感，潜意识地回避压力、逃避复杂的社交。

"蛰居族"的典型特征就是几乎每天都待在家里，宁肯独自上网、看电视或读书看报，也不愿意外出工作，为的就是逃避复杂的人际关系，甚至彻底避免一切可能发生的社会交往。他们在经济上主要依靠过往的积蓄或父母亲友的救济。久而久之，他们的性格变得沉默寡言，在外人眼中他们的行为也显得更加古怪。

小安每天大多数时间都挂在网上，上网打游戏是他每天的主要生活。他大学毕业后，因为受不了找工作的压力，就一直待在家里。后来，在家人的劝说下，勉强找到了一份工作，可又因为承受不了工作压力，不善处理复杂的人际关系而辞职。回家后，他也经常不出去，整天无所事事。后来，他迷恋上了网络，每天除了吃饭、睡觉以外，他把所有的时间都花在了泡网打游戏上了。没钱花了就向父母要，还说父母就他这么一个儿子，不会不给自己钱花，况且家里经济条件还可以。

面对小安的这种"蛰居"生活，也有亲友对他有意见，但他却觉得无所谓。他说："我已经习惯了这种生活，恐怕这一辈子都改不了了，我可不愿意向其他人一样承受那么大压力，人活着轻轻松松多好。"

像小安这样因为不愿意承受压力而"蛰居"在家的年轻人不在少数。人生是个很漫长的过程，以后还有很长的路要走。如果因为一件事情不成功自己就放弃，估计以后什么事情都做不成了。

诚然我们有时候会承受很大的压力,但是越是那个时候,我们越应该学会坦然面对,面对家人,面对自己,面对社会,逃避不是解决问题的根本办法。

很多时候我们都应该有一种姿态,像树木一样站立的姿态,无论什么时候都坚忍不拔,傲然挺立。

王蒙大学毕业没几年,就因为工作业绩突出被提升为业务经理,负责整个公司产品的销售工作。每天工作勤勤恳恳,尽职尽责,一心想把工作做好。可事与愿违,随着社会竞争日趋激烈,同类产品不断涌出,经济效益每况愈下,王蒙感到越来越难做。而当初立下的军令状就像一座大山一样重重地压在他的身上,使他喘不过气来。

王蒙越来越感到一种莫名的恐惧,仿佛看到前任经理的今天就是自己的明天,他感到自己力不从心。重压之下,他干脆选择逃避,竟然三天没上班,手机也关掉,在家什么事情也做不了,约朋友出来聊天也显得心事重重。到了第四天,垂头丧气的王蒙找到心理医生:"现在的我真是累啊,一进公司就感到紧张,自己以前的那种干劲不知到哪里去了。现在我只想找个安静的地方,静静地睡上一觉,再也不想面对这些烦恼的问题。"

选择退缩与逃避,虽然可以暂时得以解脱,但事情却并没有就此了结,许多问题都还在等着我们去解决。所以,选择退缩与逃避是一种不负责任与不成熟的表现。

人都有逃避的天性。逃避可以给人暂时的舒适感,然而时效一过,压力会更大,最终会大到无法忍受。逃避不能解决任何问题，压力实际上始终存在着。逃避只是在浪费宝贵的时间，不断逃避的最终结果，就是无处可逃。

不要怕犯错，更别怕认错

年轻人刚走出校园，就算你的理论基础很扎实，可遇到实际问题的时候，往往就不知道运用了，于是就容易犯错误。

周浩大学毕业后，在一家商场做手机销售人员。一天，周浩因为大意将一个价值 3500 元的手机以 2000 元的价格卖给了顾客。等周浩发现后他非常着急，不知该怎么办。有同事帮周浩出谋划策，去向那位顾客追回 1500 元或者自己筹备 1500 元悄悄入账，否则就有可能被开除。

可是，周浩觉得都不妥，他决定到经理那里去承认错误。下班之前，他不但勇敢地向经理承认了错误，而且还主动拿出了 1500 元要求赔偿公司损失。

经理见状说："你真的不打算找到顾客，追回这笔钱了？"周浩说："虽然我可以按照顾客留下的联系方式，找到顾客让他付这笔钱。但因为是我把两个手机的价格弄错了，这完全是我的错，我对这个失误负有全部责任。而且，那样做还会影响商场的声誉。"

周浩勇于认错，并敢于负责的举动深深感动了经理。他没有像其他人所想的那样开除周浩，而是给了周浩更大的发展空间。

自己的过错自己承担，千万不要惧怕伴随错误而来的负面影响,不要一味地隐藏错误或为自己的错误寻找开脱的借口。错误是一个事实,是事实就有大白于天下的一天,不要和真相作对。

宋涛在一家工厂任技术员。经过几年的实践锻炼,在老同志的帮助下取得了一定的成绩,并且被提拔成车间副主任,负责车间的生产技术工作。

有一次,车间的生产线发生了一些问题,产品质量也受到了影响。他看过之后,便立即断言是原料的配比不合适,认为在投放新的一家企业提供的原材料后,原有的配比必须改变。但调整之后,情况仍不见好转。此时,另一位技术人员提出了不同的见解,认为问题的症结并不是新的原料或原料配比不合适,而在于设备本身的问题。对此,宋涛虽然内心觉得技术员的看法很合理,但是他觉得自己是负责全车间技术与工艺的领导,如今自己的判断出现了失误,就必须承担一定的责任。

为了避免责任,他一方面继续坚持自己的看法,另一方面也布置专人对设备进行必要的维修和调整。但是由于贻误了时机,问题最终还是爆发了,给公司造成了巨大损失,宋涛在羞愧之中提出辞职。

有一位名人说过:"认错是改正的一半。"那么另一半是什么呢?另一半就是采取一切可能的措施去弥补自己的过错。这不仅可以将你为错误付出的代价最小化,还可以让别人进一步了解你的能力和潜在价值。

有一位叫吉姆的年轻人在一家公司做财务人员。有一次,一名员工休病假,吉姆做账时忽略了这一点,仍旧按平时给他发了全薪。他发现了这个错误，向那名员工解释必须纠正这个错误，要在他下次工资减去多付的钱款。那位员工不同意这么做，说这样做会给他带来严重的财务问题，因而要求分期扣除他多领的钱款。如果按那位员工说的做的话，吉姆必须得到上级的批准，难度挺大，上级一定会不满。

吉姆考虑这一切混乱都是由于自己的疏忽引起的，必须向经理承认自己的错误。他走进了经理办公室，向经理说自己犯了一个错误，接着讲述了事情发生的经过。

经理听完后大发脾气，指责这是人事部门犯的错误，与吉姆无关，但吉姆仍旧说是自己犯的错。经理又责备这是会计部门的疏忽，吉姆还解释说是自己犯的错误。经理又责备办公室的两位同事，最后经理说："好吧，这是你的错误，现在把这个问题解决掉吧。"

吉姆顺利地按自己的想法解决了这个问题，自此之后，经理对他倍加重用。

年轻人缺少阅历，没有经验，难免会犯错误。犯了错误不要紧，只要吸取教训，不再犯同样的错误，这就是一种收获。

征服自己，不做借口的奴隶

再妙的借口对于事情本身也没有丝毫的用处。许多人生中的失败，就是因为那些麻醉我们意志的借口。如果你立志要让自己赢在三十几岁，那么从现在开始就不要再为自己的失败找任何借口。一个人的命运是由自己造成的，正如英国著名的诗人莎士比亚所说："我们可以支配自己的命运，若我们受制于人，那错处不在我们的命运，而在我们自己。"

然而，在人生的风浪中，却总是有很多人将自己的人生之舟交给"借口"这杆最脆弱的舵。于是，他们四处碰壁，被外力挟持着行进，等到人生的最后一刻，感慨一句："我的命运总在与

我作对。"这就是用借口来为自己编织理由的人的一生，他们走过这个世界，却没有留下任何痕迹。

"没有任何借口"是闻名遐迩的美国西点军校奉行的最重要的行为准则。它强调的是，要为成功找理由，而不要为失败找借口。一个人做任何事，如果失败了，只要他愿意找借口，总能找到完美的借口，但借口和成功不在同一屋檐下。

美国首任总统乔治·华盛顿曾说："99%的人之所以做事失败，是因为他们有找借口的恶习。"就长远看来，找借口的代价非常大，因为你昧于事实，不去寻求失败的真正原因，只会使你重蹈覆辙，永远与成功无缘。一个令我们心安理得的借口，往往使我们失去改正错误的机会，更使我们错失成功的机会。

有一只猫很喜欢为自己的错误找借口。有一次，它抓到一只老鼠，但不小心让老鼠逃掉了，于是它就对自己说："这只老鼠太瘦了，以后再抓一只肥的。"

后来在河边捉鱼的时候，非但没有捉到鱼，还被一条鱼的尾巴给刮了一下，它又自我安慰说："我是不想捉它，要想捉到还不容易。"

最后它一不留神掉进了河里，跟它一起捉鱼的同伴正打算救它，它却说："你们以为我遇到危险了吗，其实我在游泳呢。"话还没说完就沉没了。

很多年轻人就像这只可怜又可悲的猫，总是善于为自己的错误找借口，自欺欺人，最后受害的是自己。

美国成功学家格兰特纳说过这样一段话："如果你有自己系

鞋带的能力，你就有上天摘星星的机会！不要为自己的错误辩护！再美妙的借口也于事无补！不如把寻找借口的时间和精力用到工作中来，仔细琢磨下一步该怎么去做。"反过来说，面对失败，如果将下一步的工作做好了，失败真的可能成为成功之母，这样一来，失败的借口也就不用找了。

成功的人永远在寻求良策，失败的人永远在寻找借口，当你不再为自己的失败寻找借口的时候，你离成功也就不远了。

生活中，因各种借口造成的消极心态，就像瘟疫一样毒害着我们的灵魂，并且互相感染和影响，极大地阻碍着我们正常潜能的发挥，使许多人未老先衰，丧失斗志，消极处世。然而，正像任何传染病都可以治疗一样，"借口症"这个心态病也是可以克服的。办法之一就是用事实将借口一一驳倒，使它没有理由在我们心中立足。

寻找借口，就是把属于自己的过失掩饰掉，把应该自己承担的责任转嫁到社会或他人。这样的人，在企业中不会成为称职的员工，在社会上也不是大家可信赖和尊重的人。这样的人，注定只能是一事无成的失败者。

老是为了失败找借口除了无助于自己的成长之外，也会造成别人对你能力的不信任，这一点也是必须加以注意的。失败并不可怕，可怕的是身临失败之境却毫无意识，甚至自以为胜，这才是一种人生的悲哀。

一个漆黑、凉爽的夜晚，坦桑尼亚的奥运马拉松选手艾克瓦里吃力地跑进了墨西哥市奥运体育场，他是最后一名抵达终点的选手。

这场比赛的优胜者早就领了奖杯，庆祝胜利的典礼也早已结束。因此当艾克瓦里一个人孤零零地抵达体育场时，整个体育场已经空荡荡的。艾克瓦里的双腿沾满血污，绑着绷带，他努力地跑到终点。在体育场的一个角落里，享誉国际的纪录片制作人格林斯潘远远看着这一切。在好奇心的驱使下，格林斯潘走了过来，问艾克瓦里，为什么这么吃力地跑至终点？

这位来自坦桑尼亚的年轻人轻声地回答："我的国家从两万多公里之外送我来这里，不是光叫我在这场比赛中起跑的，而是派我来完成这场比赛的。"

他对自己的失败没有任何借口，没有任何抱怨，职责铸成了他行动的准则。在人生中，无须找任何借口，挫败了也罢，做错了也罢，再妙的借口对于事情本身也没有用处。许多年轻人之所以屡遭失败，就是因为一直在寻找麻醉自己的借口。

第三章 这十年，你要为成功做好准备

成功是勤奋努力的结果

我们很多人看得到成功者的光鲜艳丽、意气风发，我们用羡慕的眼光加以膜拜却忘了思考他们成功的原因，又或是用不屑的眼光上下打量认为他们只是"成功侥幸者"。我们从来就看不到他们成功的背后是用辛勤的汗水和不懈的努力换来的。

"先天下之忧而忧，后天下之乐而乐"，以国家为己任的北宋名臣范仲淹是一位杰出的政治家、文学家。他从小就十分勤奋刻苦，为了做到心无旁骛、一心专注于读书，范仲淹到附近长白山上的醴泉寺寄宿苦读，对于各类儒家经典是终日吟诵不止，不曾有片刻松弛懈怠。

"成由勤俭败由奢"，这时候的范仲淹家境并不是很差，但为了勤奋治学，范仲淹勤俭以明志，每天煮好一锅粥，等凉了以后把这锅粥划成若干块，然后把咸菜切成碎末，粥块就着咸菜吃即是一日三餐。这种勤奋刻苦的治学生活差不多持续了三年，附近的书籍已渐渐不能满足范仲淹日益强大的求知欲了。于是范仲淹在家中收拾了几样简单的衣物，佩上琴剑，毅然辞别母亲，踏上了求学之路。

宋真宗大中祥符四年（1011年），二十三岁的范仲淹来到河南应天府书院。应天府书院是宋代著名的四大书院之一，书院共有校舍一百五十间，藏书几千卷。在这里，范仲淹如鱼得水，他用一贯的勤俭刻苦作风向学问的更高峰攀登。

一天，范仲淹正在吃饭，他的同窗好友（南京最高长官、南京留守的儿子）过来拜访他。发现他的饮食条件非常差，出于同窗兼同乡之情，就让人送了些美味佳肴过来。过了几天，这位朋友又来拜访范仲淹，他非常吃惊地发现，他上次让人送来的鸡鸭鱼肉之类的美味佳肴都变质发霉了，范仲淹却连筷子都没动一下。他的朋友有些不高兴地说："希文兄（范仲淹的字，古人称字，不称名，以示尊重），你也太清高了，一点吃的东西你都不肯接受，岂不让朋友太伤心了！"范仲淹笑着解释说："老兄误解了，我不是不吃，而是不敢吃。我担心自己吃了鱼肉之后，咽不下去粥和咸菜。你的好意我心领了，你可千万别生气。"朋友听了范仲淹的话，顿时肃然起敬。

范仲淹凭着这股勤奋刻苦的劲头，博览群书，在担任陕西西路安抚使期间，指挥过多次战役，成功抵御了西夏的入侵，使当地人民的生活得以安定。西夏军官以"小范老子（指范仲淹）胸中有数万甲兵"互相告诫，足以看出西夏人对范仲淹的忌惮与敬畏之心，这在军事实力孱弱的北宋历史上是罕见的。

范仲淹之所以能有如此杰出的才能，得益于他素来勤奋刻苦求学的良好作风，辛勤的耕耘，自会换来丰硕的果实。

勤奋在任何时代、任何地方都是不过时的成功法宝，自古迄今皆是如此。

日本保险业连续15年排全日本业绩第一、被誉为"推销之神"的原一平在一次大型演讲会上，用"行为艺术"给台下期待成功、前来取经的芸芸众生讲了一个走向成功的"秘诀"。大会即将开始,台下数千人在翘首企盼、静静等待着原一平的到来,期待原一平给他们带来成功的"福音"。演讲会开始了,可原一平迟迟没到。十几分钟过后,在众人望穿秋水的期待下,姗姗来迟的原一平终于"千呼万唤始出来"。

走向讲台,看着一张张热烈期待的脸庞,原一平一句话也没说,只是坐在后边的椅子上继续地看着。半个小时后,原一平仍然没说一句话,可前来"取经"的人有的忍不住了,陆陆续续地离开会场。一个小时过后,原一平仍然是一句话也不说,就这么干耗着。这"故弄玄虚"的行为让很多人无法忍受,他们纷纷离开会场。可也有人想一探究竟,想看看原一平的葫芦里卖的是什么药。就剩下十几个人的时候,原一平终于开口说话了:"你们是一群忍耐力很好的人,我要让你们分享我的成功秘诀,但又不能在这里,要去我住的宾馆。"

于是这十几个人都跟着原一平去了他住的宾馆。进入房间后,原一平脱掉外套,接着就坐在床上脱他的鞋子、袜子,这一系列行为让前来"捧场"的人看得莫名其妙。就在众人错愕惊讶之时,原一平亮出了他的"成功撒手锏",他把脚板亮在众人面前,众人看到了一双布满老茧的脚(原来原一平一开始就耗着是有原因的,如果要向几千人展示他的成功秘诀,似乎有点不雅)。原一平最后道破"秘诀",说:"这些老茧就是我的成功秘诀,我的成功是我用勤奋跑出来的。"

成功都是用勤奋跑出来的,想不劳而获,那个守着木桩的"待兔人"就是前车之鉴。

不要去羡慕别人的成功,用勤奋的汗水我们也可以浇灌出美丽的成功之花;更不要去怀疑别人的成功,认为别人的成功是侥幸得到的,要知道没有任何成功是不付出辛勤的努力就能唾手可得的。

勤奋的磨炼可以弥补不足

"雄鹰可以到达金字塔的塔尖,蜗牛同样也可以。"雄鹰的资质极佳、得天独厚,要达到金字塔的顶点当然比资质平庸的蜗牛容易得多。但这并不意味着鹰不需要勤奋努力、艰苦磨炼就能轻易做到,须知道在华丽的飞翔背后,是一个何等残酷的磨炼。

当一只幼鹰出生后,不待几天就要接受母鹰的训练。在母鹰的帮助下,成百上千次训练后的幼鹰就能独自飞翔。如果你认为这样就可以的话那就错了,事情远没有这么简单,这只是第一步。接着母鹰会把幼鹰带到高处悬崖上,把它们摔下去,许多幼鹰因为胆怯而被母鹰活活摔死,但没有经过这样的尝试是无法翱翔蓝天的。通过两关训练的幼鹰接下来面临的是最为关键、最为艰难的考验。幼鹰那正在成长的翅膀会被母鹰折断大部分骨骼,并且会再次被从高处推下,能在此处忍住痛苦振翅而起的才算拥有蓝天。

诚然,世界上没有两个完全一样的人,人与人之间充满了差异,有的人资质好,而有的人却要显得平庸得多。我们资质差,但这并不妨碍我们用辛勤的脚步走向成功。

德摩斯梯尼（前384～前322年），古雅典雄辩家、民主派政治家，一生积极从事政治活动，极力反对马其顿入侵希腊，后在雅典组织反马其顿运动中为国壮烈牺牲。

当时，在雄辩术高度发达的雅典，无论是在法庭、广场、还是公民大会上，经常会有经验丰富的演说家在辩论。听众的要求也非常高，甚至到了挑剔刻薄的程度。演说者一个不适当的用词，或是一个难看的手势和动作，常常都会引来讥讽和嘲笑。

德摩斯梯尼天生口吃，嗓音微弱，还有耸肩的坏习惯。在这些高标准、严要求的听众看来，他似乎没有一点当演说家的天赋。因为在当时的雅典，一名出色的演说家必须是声音洪亮，发音清晰，姿势优美而且富有辩才。德摩斯梯尼最初的政治演说是非常糟糕的，由于口吃结巴、发音不清、论证无力，而多次被轰下讲坛。为了成为卓越的政治演说家，德摩斯梯尼此后做了超乎常人的努力，进行了异常刻苦的学习和训练。为此，德摩斯梯尼终日不断刻苦读书学习，据说，他把《伯罗奔尼撒战争史》抄写了8遍；除了学习历史，德摩斯梯尼虚心向著名的演说家请教发音的方法；为了克服口吃毛病，每次朗读时都放一块小石头在嘴里，迎着大风和面对着波涛练习；为了改掉气短的毛病，他一边在陡峭的山路上攀登，一边不停地吟诗朗诵；为了改善演讲时的面部表情，他在家里装了一面大镜子，每天起早贪黑地对着镜子练习演说；为了改掉说话耸肩的坏习惯，他在头顶上悬挂一柄剑，或悬挂一把铁叉；他把自己剃成阴阳头，以便能安心躲起来练习演说……

德摩斯梯尼不仅在发音形象上进行改善，而且努力提高政治、文学修养。他研究古希腊的诗歌、神话，背诵优秀的悲剧和喜剧，探讨著名历史学家的文体和风格。柏拉图是当时公认的独具风格的演讲大师，他的每次演讲，德摩斯梯尼都前去聆听，并用心琢磨、学习大师的演讲技巧……

经过十多年的磨炼，德摩斯梯尼终于成为一位出色的演说家，他的著名的政治演说为他建立了不朽的声誉，并在政治上取得了很大成就。他的演说词结集出版，成为古代雄辩术的典范。

公元前330年，雅典政治家泰西凡鉴于德摩斯梯尼对国家所做的贡献，建议授其金冠荣誉。德摩斯梯尼的政敌埃斯吉尼反对此种做法，认为不符合法律。为此，德摩斯梯尼与埃斯吉尼展开了一场针尖对麦芒的斗争，公开辩论。在此次辩论中，德摩斯梯尼用事实证明了自己当之无愧。最后，泰西凡的建议得以通过，决定授予德摩斯梯尼金冠。

德摩斯梯尼的资质在我们看来非常差，然而他付出了"嘴含石块""头悬铁剑"等诸多辛勤努力，终于成为一位伟大的辩论家和政治家。

"勤能补拙是良训，一分辛苦一分才"，只要付出，相信总会有回报的。

晚清四大名臣之一的曾国藩，读书资质也非常差，差到让一个到自家行窃的小偷都心存鄙夷。一天，曾国藩在家读书，始终在朗读着一篇文章，读了又背，背了又读。如此反反复复，始终没有把它背下来。

偏巧，这时候一个小偷偷到曾国藩的家里了。小偷见有人在背书，为了不被发现，就先潜伏在屋檐下，想等所有人都睡熟了之后再进行行窃。可没想到，这个"酸腐"的读书人还是一直在那吟吟哦哦地读着文章，大有欲罢不能的态势。这个小偷看见这种架势，于是有点愤怒地跳出来指着妨碍他行窃的曾国藩责骂道："你这榆木疙瘩般的脑子，还读个什么书啊？"这种"恨铁不成钢"的语气颇有几分语重心长、苦口婆心的意味。说罢，具有"诲人不倦"精神的小偷又将曾国藩一直反复朗读的文章一字不落地背了下来，然后扬长而去，留下尚未缓过神来的曾国藩在房中惊愕不已。

曾国藩的这番遭际也算得上是"千古奇遇"了。无疑，这个小偷的资质比曾国藩不止高出一个境界，然而曾国藩却成为历史上非常具有影响力的人物，靠的就是那"不断反复"的勤奋刻苦的精神。而贼始终是贼，不正是因为他不肯付出努力、想不劳而

获的缘故吗？

雄鹰资质再好，如果不去搏击风雨，退化的羽翼反而成为负担；蜗牛再慢，只要勤奋努力，一步步也能爬上金字塔的顶点。

财富来自勤劳的双手

社会的财富是勤劳人创造出来的，物质产品、精神产品概莫能外。早在17世纪，英国的经济学家威廉·配第就指出："土地是财富之母，劳动是财富之父。"财富是勤劳的人所拥有的，只要我们拥有勤劳，那么我们就拥有了财富。

在地中海的一个岛国里，农民们都致力于种植葡萄。有一个勤劳的农夫，他每天都勤勤恳恳地在葡萄园里劳动，他种出的葡萄酿的酒是最甜美的，他的葡萄园因此远近闻名。可是勤劳的农夫有一块心病，那就是他有4个不成器的孩子。他们非常懒惰，无论农夫怎么教育，总是不肯劳动。由于他们不愁吃喝，因此养成了好吃懒做的习惯。又因为兄弟人多，该干活的时候，他们总是相互推诿。终于，农夫老得干不动农活了。他病倒在床上，再也无法支撑起他的葡萄园了。眼看着他苦心经营的葡萄园就要这样一天天荒芜，农夫心里感到非常担忧。

农夫知道自己不久就要离开人世了，他一直在考虑一个问题：如何使儿子们明白劳动致富的道理呢？焦虑更是加重了他的病情。一天，农夫的一位好友来看望他，这位朋友给农夫出了一个好主意。第二天,农夫把4个儿子叫到床前,对他们说:"我不久就要死了,我必须告诉你们一个秘密。在我们家的葡萄园里,我埋了几箱财宝,它就埋在……"话还没说完,农夫就咽气了。办完了父亲的丧事,4个儿子就开始到葡萄园里寻找父亲埋下的财宝。

　　由于农夫病倒多日,葡萄园已经杂草丛生了。为了寻找财宝,儿子们带着工具出发了。大儿子拿着铁锹,由园中心开始挖,杂草都除掉了,土翻得很深,地也翻松了,可是怎么也没找到他们要找的宝藏。二儿子牵着一头牛,套上犁,把整个园子从头到尾犁了一遍,结果同样一无所获。三儿子扛上锄头,在园的四角挖掘,挖得极深,结果把泉眼给打出来了,清澈的泉水滋润了整个葡萄园,那些即将干枯的葡萄藤又开始变绿,可是三儿子也没找到财宝。四儿子也出动了,他既用铁锄又用铁铲,但还是一无所获。4个儿子虽然没有挖到财宝,但把葡萄园里的土地翻得又松软又平整,加上三儿子打出的几个泉眼,园里的葡萄茁壮成长,比往年的收成还要好。葡萄成熟了,4个儿子把葡萄运到城里去卖,路上遇见了农夫的那位朋友。他看到满车的葡萄,感到特别欣慰,并告诉农夫的4个儿子说:"其实,农夫并没有在园子里埋什么财宝,财宝来自勤劳的双手。"4个儿子终于明白了父亲的苦心。

　　只有辛勤劳动,才会有丰厚的回报。即使再优良的葡萄庄园,没有经过辛勤汗水的浇灌,终究也是会杂草丛生、一片荒芜。传说中的点石成金之术并不存在,而在劳动中获得财富才是最正确的途径。

美国著名作家杰克·伦敦在19岁以前，还从来没有进过中学。但他非常勤奋，通过不懈地努力，使自己成为一个文学巨匠。杰克·伦敦的童年生活充满了贫困与艰难，他整天在旧金山海湾附近游荡。说起学校，他不屑一顾。不过有一天，他漫不经心地走进一家公共图书馆内，读起名著《鲁滨孙漂流记》时，他看得如痴如醉，并受到了深深的震动。在看这本书时，饥肠辘辘的他竟然舍不得中途停下来回家吃饭。第二天，他又跑到图书馆去看别的书，另一个新的世界展现在他的面前———一个如同《天方夜谭》中巴格达一样奇异美妙的世界。从这以后，一种酷爱读书的情绪便不可抑制地左右了他。一天中，他读书的时间达到了10～15小时，从荷马到莎士比亚，从赫伯特斯宾基到马克思等人的所有著作，他都如饥似渴地读着。19岁时，他决定停止以前靠体力劳动吃饭的生涯，改成以脑力谋生。他厌倦了流浪的生活，他不愿再挨警察无情的拳头，他也不甘心让铁路的工头用灯按自己的脑袋。于是，就在他19岁时，他进入加利福尼亚州的奥克德中学。他不分昼夜地用功，从来就没有好好地睡过一觉。天道酬勤，他也因此有了显著的进步，只用了3个月的时间就把4年的课程读完，通过考试后，他进入了加州大学。他渴望成为一名伟大的作家，在这一雄心的驱使下，他一遍又一遍地读《金银岛》《基督山伯爵》《双城记》等书，之后就拼命地写作。他每天写5000字，也就是说，他可以用20天的时间完成一部长篇小说。他有时会一口气给编辑们寄出30篇小说，但它们统统被退了回来。但是他没有气馁，后来他写了一篇名为《海岸外的飓风》的小说，这篇小说获得了《旧金山呼声》杂志所举办的征文比赛头奖，但他只得到了20美元的稿费。5年后的1903年，他有6部长篇以及125篇短篇小说问世，他成了美国文学界最为知名的人物之一。

"成事在勤，谋事忌惰。"杰克·伦敦的经历一点都不让我们感到惊讶，一个人的成就和他的勤奋程度永远是成正比的。试想，如果杰克·伦敦不是那么勤奋，写作不是那样废寝忘食，他绝对不会取得日后的成就。

一个人要取得成功、得到财富，固然与个人的天赋、环境、机遇、学识等外部因素有很大关系，但更重要的是自身的勤奋与努力。勤奋的劳动是成功的必经之路，幸福生活的获得需要靠自己勤劳的双手去实现。勤劳是人们最宝贵的财富，是永不枯竭的财富之源。

勤奋就是耐心做好每一次重复

"业精于勤荒于嬉"，技艺的精巧是通过不断反复勤奋地练习修来的。要做到勤奋确实非常不容易，因为反复地做同一件事情，对我们来说实在太枯燥了，但是我们应该要耐心地做好。只要努力地做好每一次重复，相信终会大有所成。

颜真卿非常喜爱书法艺术，他起初师从名家褚遂良学习书法艺术，为了摄取众家之长，后来颜真卿又拜在张旭门下。张旭是一位极有个性的书法大家，因他常喝得大醉，就呼叫狂走，然后落笔成书，甚至以头发蘸墨书写，故又有"张颠"的雅称，是唐代首屈一指的大书法家，兼擅各体，尤其擅长草书，被誉为"草圣"。颜真卿希望在这位名师的指点下，很快能学到写字的窍门，从而在书法上能有所成就。

但拜师后的颜真卿，却没有半点参透老师张旭的书法秘诀，因为张旭只是给他介绍一些名家字帖，简单地指点一下各家字帖的特点后，就让颜真卿自己临摹。有的时候，就在旁边看着张旭泼墨。就这样几个月过去了，颜真卿依然没有得到张旭的书法秘诀，心里有些着急了，觉得老师张旭有点藏技之嫌，他决定直接向老师提出要求。一天，颜真卿壮着胆子，红着脸说："学生有一事相求，望请老师将书法秘诀倾囊相授。"张旭回答说："学习书法，一要'工学'，即勤学苦练；二要'领悟'，即从自然万象中接受启发。这些我不是多次告诉过你了吗？"颜真卿听了，认为这并不是他想听到的书法秘诀，于是又向前一步，施礼恳求道："老师说的'工学'、'领悟'，这些道理我都知道，我现在最需要的是行笔落墨的绝技秘方，望请老师赐教。"

张旭听了这些，知道他有些急躁了，便耐着性子开导颜真卿："我是见公主与担夫争路而察笔法之意，见公孙大娘舞剑而得落笔神韵，除了勤学苦练就是观察自然，别的没什么诀窍。"最后又严肃地说，"学习书法要说有什么'秘诀'的话，那就是勤学苦练。要知道，不下苦功的人，是不会有任何成就的。"老师的教诲，使颜真卿大受启发，他真正明白了为学之道。从此，他扎扎实实勤学苦练，潜心钻研，从生活中领悟运笔神韵，进步神速，终成为一位大书法家。颜真卿的字端庄正雅，被称为"颜体"，与柳公权的"柳体"并称于世，而"颜筋柳骨"也成为后世典范。

要想写好字，就必须反复不断地重复着"点、横、竖、撇、捺、钩……"的练习，从古至今的大书法家钟繇、王羲之、王献之、褚遂良、智永、怀素等，未尝不是如此。

钟繇耗尽三十余年心血，一直致力于学习书法。他主要从蔡邕的书法技巧中掌握了写字要领。在练习的过程中，不分昼夜，不论场合，有空就写，有机会就练。与人坐在一起谈天，就在周围地上练习。晚上休息，则以被子做纸张，结果时间长了被子竟被划了个大窟窿。

这里有一则关于钟繇的有趣的小故事：钟繇在学习书法艺术时极为用功，有时甚至达到入迷的程度。据西晋虞喜《志林》一书记载，钟繇曾发现韦诞座位上有蔡邕的练笔秘诀，便求借阅，但因书太珍贵，虽经苦求，韦诞始终没有答应借给他。钟繇情急失态，捶胸顿足，弄得自身伤痕累累，如此大闹三日以至昏厥。幸得曹操及时命人救起，钟繇才大难不死。尽管如此，韦诞仍是铁石心肠，不为所动。钟繇无奈，只有望书兴叹。待韦诞死后，钟繇派人掘其墓而得其书，从此书法进步迅猛。

王羲之醉心练字，就连平常走路的时候，也随时用手指比画着练字，日子一久，衣服竟被划破。经过这样一番勤学苦练，王羲之的书法才得以精进，被后世称为"书圣"。

王献之师承父亲王羲之，造诣相当高深。从晋末至梁代的一个半世纪里，他的影响甚至超过了其父王羲之。王献之在书法上有如此成就，与他的勤奋练字是分不开的，据说王献之练字用掉了十八缸水。

褚遂良苦练书法，相传他因勤于书法，常到居室前面的池塘里清洗毛笔，久而久之，池塘里的水都染成了黑色。勤奋的褚遂良书法技艺精进，与欧阳询、虞世南、薛稷齐名为初唐四大书法家。

怀素的草书称为"狂草"，用笔圆劲有力，使转如环，奔放流畅，一气呵成，和张旭并称"张颠素狂"。怀素勤学苦练的精神也是十分惊人。因为买不起纸张，怀素就找来一块木板和圆盘，涂上白漆书写。后来，怀素觉得漆板光滑，不易着墨，就又在寺院附近的一块荒地，种植了一万多株芭蕉树。芭蕉长大后，他摘下芭叶，铺在桌上，临帖挥毫。怀素这样没日没夜地练字，老芭蕉叶被摘光了，小叶又舍不得摘，于是想了个办法，干脆带了笔墨站在芭蕉树前，对着鲜叶书写，烈日不断、风雨无阻，从未间断。

王羲之的第七世孙智永和尚是严守家法的大书法家。他习字很刻苦，冯武《书法正传》说他住在吴兴永欣寺，几十年不下楼，临了八百多本《千字文》，给江东诸寺各送一本。智永还在屋内备了数支容量为一石多的大簏子，练字时，笔头写秃了，就取下丢进簏子里。日子久了，破笔头竟积了十大簏。后来，智永便在空地挖了一个深坑，把所有破笔头都埋在坑里，砌成坟冢，并称之为"退笔冢"。

这些大书法家无一不是经过勤学苦练、耐心完成一次又一次地重复才终有所成的。其他的技艺不同样要求如此吗？纪昌射箭、文王演周易、伯牙水禽操、达·芬奇画蛋，等等，都是耐心完成一次次的重复才取得成功的。

有的人因为不断重复带来的枯燥而厌烦，有的人却因为稍微取得了一些成就就不再重复下去，甚至有的人一开始就自命不凡、等闲地对待这简单的重复。这样的人能取得大的成就？当然很难。因此务必静下心来，耐心对待每一次重复。

机遇偏爱有准备的人

西汉时人戴圣在《礼记·中庸》中说道："凡事预则立，不预则废。"我们无论做什么事情，都要在行动之前进行筹划、准备。事先有准备才能获得成功，否则就会失败，因为一个缺乏准备的人一定是一个差错不断的人，因为没有准备的行动只能使一切陷入无序，最终面临失败的局面。成功只青睐有准备的人。

阿尔伯特·哈伯德生在一个富足的家庭，但他还是想创立自己的事业，因此他很早就开始了有意识的准备。他明白像他这样的年轻人，最缺乏的是知识和必备的经验。因而，他有选择地学习一些相关的专业知识，充分利用时间，甚至在外出工作时，也会带上一本书，在等候电车时一边看一边背诵。他一直保持着这个习惯，这使他受益匪浅。后来，他有机会进入哈佛大学，开始了一些系统理论课程的学习。

阿尔伯特·哈伯德对欧洲市场进行了一番详细的考察，随后，他开始积极筹备自己的出版社。他请教了专门的咨询公司，调查了出版市场，尤其是从从事出版行业的普兰特先生那里得到了许多积极的建议。这样，一家新的出版社——罗依科罗斯特出版社诞生了。

由于事先的准备工作做得充分，出版社经营得十分出色。阿尔伯特·哈伯德不断将自己的体验和见闻整理成书出版，名誉与金钱相继滚滚而来。阿尔伯特并没有就此满足，他敏锐地观察到，他所在的纽约州东奥罗拉，当时已经渐渐成为人们度假旅游的最佳选择之一，但这里的旅馆业却非常不发达。这是一个很好的商机，阿尔伯特没有放弃这个机会。他抽出时间亲自在市中心周围进行了两个月的调查，了解市场的行情，考察周围的环境和交通。他甚至亲自入住一家当地经营得非常出色的旅馆，去研究其经营的独到之处。后来，他成功地从别人手中接手了一家旅馆，并对其进行了彻底的改造和装潢。

在旅馆装修时，他根据自己的调查，接触了许多游客。他了解到游客们的喜好、收入水平、消费观念，更注意到这些游客是由于厌倦繁忙的工作，才在假期来这里放松的，他们需要更简单的生活。因此，他让工人制作了一种简单的直线型家具。这个创意一经推出,很快受到人们的关注,游客们非常喜欢这种家具。他再一次抓住了这个机遇,一个家具制造厂诞生了。家具公司蒸蒸日上,也证明了他准备工作的成效。同时他的出版社还出版了《菲利士人》和《兄弟》两份月刊,其影响力在《致加西亚的信》一书出版后达到顶峰。

阿尔伯特深深地体会到,准备是一切工作的前提,是执行力的基础。因此,他不但自己在做任何决策前都认真准备,还把这种好习惯灌输给他的员工。不久之后,"你准备好了吗?"已经成为他们公司全体员工的口头禅,成功地形成了"准备第一"的企业文化。在这样的文化氛围中,公司的执行力得到了极大的提升,工作效率自然显而易见。

有位成功学家如是说:"成功不会属于那些没有丝毫准备的人,那些没有准备的人,即使有成功的机会,也会因为没有精心准备而错失,甚至将已经到手的成功拱手让给别人。"的确如此,成功必须经过努力奋斗才能够获得,岂能是一个没有任何准备的人可以得到的呢?然而有些机会是不知道什么时候才会降临的,因此我们不能松懈怠慢,要时刻做好准备,让自己保持在最佳状态,以便机会出现时,我们可以一把抓住。

一位老教授退休后,巡回拜访偏远山区的学校,传授教学经验与当地老师分享。由于老教授的爱心及和蔼可亲的态度,所到之处,他都受到老师和学生的热烈拥戴。有次,当他结束在山区某学校的拜访行程,准备赶赴别处时,许多学生依依不舍。老教授也不免为之所动,当下答应学生,下次再来时,只要谁能将自己的课桌椅收拾整洁，老教授将送给该名学生一份神秘礼物。在老教授离去后，每到星期三早上，所有学生一定将自己的桌面收拾干净。因为星期三是教授每个月前来拜访的日子，只是不确定教授会在哪一个星期三到来。其中有一个学生的想法和其他同学不一样，他一心想得到教授的礼物留作纪念，生怕教授会临时在星期三以外的日子突然带着神秘礼物到来，于是他每天早上都将自己的桌椅收拾整齐。但往往上午收拾妥当的桌面，到了下午又是一片凌乱，这个学生又担心教授会在下午到来，于是在下午又收拾了一次。想想又觉不安，如果教授在一个小时后出现在教室，仍会看到他的桌面凌乱不堪，便决定每个小时收拾一次。

到最后，他想到，若是教授随时会到来，仍有可能看到他的桌面不整洁。终于，这位学生想清楚了，他无时无刻保持自己桌面的整洁，随时欢迎教授的光临。结果可想而知，老教授的神秘礼物属于这个时刻都在准备着的学生，而且这位学生还因此得到了另外一份礼物。

塞缪尔·约翰逊说："最明亮的欢乐火焰大概都是由意外的

火花点燃的。人生道路上不时散发出芳香的花朵，也是从偶然落下的种子自然生长起来的。"伟大的成功往往是由意外的机遇促成的，如果一个没有丝毫准备的人，即使是机遇出现在他面前也是会被错过的。

成功的机会，只会青睐有准备的人，它不相信眼泪，它与懦弱胆小、松懈懒惰、蛮干盲从无缘。懦弱胆小的年轻人，一遇困难便裹足不前，魄力不足、谨慎有余，不足以成大事；松懈懒惰的年轻人，毫无危机感以及责任感，在享乐主义的驱使下挥霍人生，败事有余；蛮干盲从的人，遇事毫无主见，只会跟着别人后面亦步亦趋，结果往往是事倍功半；只有积极做好准备的人，才能在20多岁以后把握住成功的机会，创造辉煌。

方法变换，引爆杰出头脑

20多岁的年轻人一定要明白，成大事者和平庸者的根本区别之一就在于他们是否在遇到困难时理智对待，主动创造解决问题的方法。因为只有敢去挑战，并在困境中突围而出，才能奏出激越雄浑的生命乐章，最大化地彰显人性的光辉。

1942年，踌躇满志的汉德勒夫妇在一间车库里创办了公司。最初，公司的产品是木制画框，埃利奥特研制样品，露丝负责销售。当时，露丝已经有了一个女儿，作为一位母亲和一个玩具商人，她十分重视孩子们的想法。

一天,她突然看见女儿芭芭拉正在和一个小男孩玩剪纸娃娃。这些剪纸娃娃不是当时常见的那种婴儿宝宝,而是一个个少男少女,有各自的职业和身份,让女儿非常沉迷。"为什么不做成熟一些的玩具娃娃呢?"这让露丝看到了商机,经过无数的努力,芭比娃娃诞生了!

1970年,露丝被诊断患有乳腺癌,并接受了乳房切除手术。同时,美泰公司的新主管开始将公司产品多元化,不再把生产玩具作为重心,这一政策最终导致露丝和她的丈夫被迫远离他们当初创建的公司业务。1975年,露丝辞去了总裁职务,离开了自己和丈夫创立的公司。

这一连串的不幸没有击垮露丝,眼光独到的她竟然从自己的疾病中获得了新的灵感。她为自己做了一个逼真的假乳房,取名为"真我风采",并由此开始了她的二次创业。1976年,露丝成立了一家新公司,不是生产玩具,而是生产人造乳房。她的目标是使人造乳房非常真实,以使"一个女人可以戴一般的胸罩,穿宽松的上衣挺胸走在路上,而且非常骄傲"。

正如"芭比"在一开始受到的冷遇一样,在那个时代,乳房病症仍然属于一个难以启齿的话题,露丝受到了来自各方面的嘲笑和讥讽,即使是女人对她也不理解。露丝坚持了下来,顽强地面对种种阻碍。到1980年,露丝公司人造乳房的销售额已经超过了100万美元,她又一次获得了非凡的成功。会思考、会分析,才会看到商品是否有增值的可能性。

20几岁的年轻人要想有眼力、会思考,首先要有创业激情,一个对成功有强烈渴望的人才会全身心地投入市场和商品研究中，这也是成功的第一步。其次，还需要增强多专业交错的知识结构，以拓展可能性的创业领域。因为，任何一个人都是无法超越自己的知识结构背景而具备识别商品的眼力的。

会思考，更要敢于行动。正所谓最大的冒险就是不去冒险，财富总是青睐有勇气的人，犹豫畏缩、不敢迈步的结果是让你在追逐财富的道路上永远原地踏步。

第四章 这十年，你要掌握说话的技巧

尝试着驾驭话题

20多岁的年轻人都很喜欢与自己的好友东拉西扯、谈天说地，因为这是一件很有趣、很轻松的事情，在聊天时既可以从中满足自己"挥斥方遒""指点江山"的宣泄欲望，又不必为话题的终止而感到尴尬。然而跟一个不太熟悉的人聊天却不是一件很容易的事情：我们不知道对方最得意的话题是什么，最感兴趣的话题又是什么，对方最忌讳的话题是什么也不好琢磨；不去交谈点什么又觉得气氛尴尬。因此，这很让人头疼。

为了解决这一问题，以下列出了一些行动方案：

首先，从了解对方开始。如果我们有足够时间准备的话，对方的身份、性格、经历是要最先予以关注的。"话不投机半句多"，如果一开始我们说的话就和对方的性格相抵触的话，话题自然不好展开，因此我们首先要做的就是投其所好，从对方最得意或者是最感兴趣的话题说起。

只要曾经拜访过罗斯福的人，都会惊讶于他的博学。不论是政治家还是外交官，他都能针对对方的特长展开话题。其实这个道理很简单，当罗斯福知道访客的特殊兴趣后，他会预先研读这方面的资料以作为聊天的话题。因为罗斯福知道，要抓住人心的最佳方法，就是谈论对方所感兴趣的事情。

在耶鲁大学任教的威廉·费尔浦斯教授，是个有名的散文家。他在散文集《人类的天性》当中写道："在我8岁的时候，有次到莉比姑妈家度周末。傍晚时分,有个中年人来访。他跟姑妈热烈地寒暄过一阵之后,便把注意力转向我。那时,我正对船只很感兴趣,这位访客便滔滔不绝讲了许多有关船只的事,而且讲得十分生动有趣。等他离开之后,我仍意犹未尽,一直向姑妈提起他。姑妈告诉我,他在纽约当律师,根本不可能对船只感兴趣。我问道:'既然如此,那他为什么一直跟我谈船只的事情呢?'姑妈回答:'因为他是个有风度的绅士。他看你对船只感兴趣,为了让你高兴并赢取你的好感,他当然要这么说了。'"

威廉·费尔浦斯最后写道:"我永远也不会忘记姑妈所说的话。"

谈论对方最感兴趣的事情,自然可以激发出对方的热忱,对方与你聊起天来自然也就滔滔不绝了。

从对方的经历开始,交谈就会顺利得多,可是当我们第一次与刚碰到陌生人交谈时,我们无从了解。如此,我们可以参考下一个事例。

一个人正坐在火车上,他已坐了很久,而前面还有很长的路程。坐在他旁边的一位像是一个有趣的家伙,他颇想知道对方的底细,于是他便搭讪道:"打扰了,看样子你是北方人?"可是对方一句话也不讲,只是点点头,他在行李中翻出一包零食,示意对方品尝。对方微笑了一下。他把零食拿得离对方更近了,对方取了一块,点头表示感谢。他继续说,"真是一段又长又讨厌的旅程,你是否也有这种感觉?""是的,真讨厌。"对方同意着,而且语调中包含着不耐烦的意味。"若看看一路上的稻田,倒会使人高兴起来。在稻谷收获之前的一两个月,那一定更有趣。""唔,唔!"对方含糊地答应着。

这时他再也没有勇气说下去了。他在农业方面,给对方一个表现兴趣的机会,对方若是个农夫,接下来一定会发表一番看法,可惜对方对农业不感兴趣。于是一番思考后,话题又重新开始了。

"天气真好,爽快极了!"他说,"真是理想的踢球时节。今年秋季有好几个大学的球队都很出色呢!"那位坐在他身旁的乘客直起身来。"你看理工大学球队怎么样?"对方问。他回答:"理工大学队很好,虽然有几个老将已经离队,然而几位新人都很不错。""你曾听到过一个叫×××的队员吗?"对方急着问。这样一来他就知道对方似乎和这个×××有点关系,于是他说:"他是一个强壮有力、有技巧,而且品行很好的青年。理工大学队如果少了这位球员,恐怕实力将会大减。但是他快要毕业了,以后这个队如何还很难说。"对方听了这话便兴高采烈、滔滔不绝地谈了起来。

出于防备心理,有些场合,人们不喜欢开口和陌生人说话。在这种时候,应该学会去激起谈话对象的某种情绪或是兴趣,这样他便会滔滔不绝。

会说话的人,总是很会观察在自己说话的过程中,对方的反应如何,他们懂得抓住对方感兴趣的瞬间,来调整自己的谈话。

这就好比我们上学时学校里的老师,有人讲课非常吸引人,而在有些老师的课堂上学生们已经昏昏欲睡。有的老师站在讲台上，只管低着头读教义，有的老师从黑板的一端写到另一端，只会让学生做笔记……这些老师根本没有意识到学生的存在，在他们看来，讲课只是单方面的个人行为，只要在规定的时间里，把自己想讲的课程讲完就算万事大吉，他们从不考虑学生的反应。这种教育方法是最差的，这种老师可以算得上是"反面教师"。

所以如果想吸引对方听自己说话，就必须在说话的时候不断观察听话者的表情、反应，判断对方是否有兴趣愿意听自己讲话。然后根据判断，适当改变自己的说话方式，直到对方感兴趣为止。如果对方根本没有心情听，而你还在拼命地讲，那谈话也就成了没有任何意义的谈话。

语言简洁明了，切忌喋喋不休

现实中，人大多受不了啰唆的废话，如果你的废话让人感到难受了，显然不会得到别人的尊重。他可能会在你仍唾沫横飞、滔滔不绝的时候拂袖而去，或者是碍于颜面只能心怀鄙夷、很不耐烦地忍受下去。

马克·吐温是美国的幽默大师、作家，19世纪后期美国现实主义文学的杰出代表之一，同时也是著名演说家。

有一次，马克·吐温去听一位牧师传教。刚开始时，马克·吐温对牧师先生的传教演说很有好感，作为回报，马克·吐温准备把身上所有的钱都捐献出去。然而一个小时过去了，这位牧师还没结束他的精彩演说。这让马克·吐温失去耐心了，他决定留下身上的整钱，只把零钱捐献出去，因为牧师已经让马克·吐温感到厌烦了。又过了半个小时，这位牧师还在没完没了地讲个不停，丝毫没有罢休的意思。看不到头的马克·吐温失望了，他决定一分钱也不掏了。马克·吐温就这样一直忍受着，终于等到体力充沛的牧师结束了他的演说。已经接近愤怒的马克·吐温起身离开时，没有捐献一分钱。

还有一次，马克·吐温还是一名普通船员的时候，罗克岛铁路公司打算建一座大桥，把罗克岛和达文波特两个城市连接起来。

当时，轮船是运输小麦、熏肉和其他物资的重要工具。所以，轮船公司把水运权当成上帝赐予他们的特权。一旦铁路桥修建成功，自然也就葬送了他们的特权，断了他们的财路。因此轮船公司千方百计地对修桥提案进行阻挠。于是，美国运输史上最著名的一个案子开庭了。

时任轮船公司的辩护律师韦德，是当时美国法律界很有名的铁嘴。法庭辩论的最后一天，听众云集。韦德站在那儿滔滔不绝，足足讲了两个小时。等到罗克岛铁路公司的律师发言时，听众已经显得非常不耐烦了。这正是韦德的计谋，他想借此击败对手，因为观众和陪审团已经失去耐心了，哪里还听得上对方律师的辩护。然而，大出韦德意外的是那位律师只说了一分钟。不可思议的一分钟,这个案子就此闻名。

只见那位律师站起身来平静地说:"首先,我对控方律师的滔滔雄辩表示钦佩。然而,陆地运输远比水上运输重要,这是任何人都改变不了的事实。陪审团各位,你们要裁决的唯一问题是,对于未来发展而言,陆地运输和水上运输哪一个更重要?哪一个不可阻挡?"

片刻之后,陪审团做出裁决,建桥方获胜。那位律师高高瘦瘦,衣衫简陋,他的名字叫作——亚伯拉罕·林肯。

韦德之所以用两个小时滔滔不绝,一方面是在炫耀自己的口若悬河,另一方面也是存心拖延时间,好让林肯在发言的同时替自己接受听众的厌烦。但是他不仅错估了听众厌烦的剧烈程度,而且也低估了对手林肯的机智反应。这样一来,相比较林肯的言简意赅,韦德的慷慨陈词不但没能加深陪审团的印象,反而愈发显得惹人生厌。

这个案子很著名,林肯还用类似的方法打赢了另外一场官司:

这一次他还是作为被告人的辩护律师出庭辩护。原告律师将一个简单的论据翻来覆去地陈述了两个多小时,使听众的耳朵饱受摧残。轮到林肯辩护时,为了保护听众的耳朵不再受到折磨,林肯做的只是:先把外衣脱下放在桌上,然后拿起玻璃杯喝了口水,接着重新穿上外衣然后又喝水,这样的动作反复了五六遍。林肯始终一言未发,然而听众个个心领神会,不禁哈哈大笑。在笑声中,林肯才开始了他的辩护演说。

是的，喋喋不休是很让人头疼的一件事情，有时候一句简洁明了的话胜过长篇大论。

20多岁的年轻人应该知道，任何人都不喜欢别人喋喋不休地向自己灌输，所以，试着简明扼要地表达出你的想法，让对方一下就能明白你的意思，这样沟通的效果会很不错。

"立片言以居要"，说话应当简洁明了，突出重点，切忌喋喋不休。

"我们"的功效远胜于"我"

不知20多岁的年轻人有没有注意到，人们在听别人说话时，对方说"我"带给我们的感受，远不如他采用"我们……"的说法让人感到亲切。

或许你已经注意到，小孩在做游戏时，常会说"我的""我要"等语，这是自我意识强烈的表现，在小孩子的世界里或许无关紧要，但有些成人也是如此，他们说话时，仍然强调"我""我的"，这就会给人自我意识太强的坏印象，人际关系也会因此受到影响。

事实上，我们在听别人说话时，对方说"我""我认为……"带给我们的感受，将远不如采用"我们……"的说法，因为采用"我们"这种说法，可以让人产生对等的感觉，并由此产生团结意识。

有这样一个故事：甲、乙两个好朋友一起出去散步，在路上，他们不约而同地看到路中央的一锭金子。

甲赶紧跑过去，捡起那锭金子，对乙说："你看，我的运气真好，我捡了一锭金子。"说着准备把金子独自放进自己的口袋。

这时，失主找来了，他不仅要回了金子，还诬告说甲偷了他的金子，要拉他去警察局。

甲有口难辩，很无辜地对乙说："这回我们可麻烦了。"

乙听后立即纠正他说："不是'我们'，你应该说'这回我可麻烦了'才对！"

人的心理其实是很奇妙的，说话时，往往说"我"和"我们"，给人的感觉却完全不同。在开口说话时，我们要注意这样的细节：多说"我们"，用"我们"来做主语，因为善用"我们"来制造彼此间的共同意识，对促进我们的人际关系将会有很大的帮助。

还有一个故事，有位先生在聚会上讲话的前三分钟内，一共用了36个"我"，他不是说"我"，就是说"我的"，如"我的公司""我的花园"，等等。随后一位熟人走上前去对他说："真遗憾，你失去了你的所有员工。"

那个人怔了怔说："我失去了所有员工？没有呀？他们都好好地在公司上班呢！"

"哦，难道你的这些员工与公司没有任何关系吗？"

亨利·福特二世描述令人厌烦的行为时说："一个满嘴'我'的人，一个独占'我'字、随时随地说'我'的人，是一个以自我为中心的人，是一个不受欢迎的人。"

所以，20多岁的年轻人一定要注意，在人际交往中，"我"字讲得太多并过分强调，会给人突出自我、标榜自我的印象。这就会使对方渐渐感到你的自我，与你交往也会形成障碍。因此，谦卑有礼的人，会懂得多用"我们"来使周围的人产生认同感，使对方感到受尊重。

相信只要你做到了这一点,离成功的距离就又近了一步。

病从口入,祸从口出

西方有这样一句很有哲理的话:上帝之所以给人一个嘴巴、两只耳朵,就是要人多听少说。中国古代有一句箴言:大辩若讷。这些话都是很有道理的。

在人际交往中,要想不惹是生非,消灾灭祸,就要做到谨言慎语。谨言,不是不说话,而是该说的说,不该说的不说。慎语,就是考虑好了再说。俗话说:善言一语三九暖,恶语伤人六月寒。

人与人之间的交流应平等地进行,说话和蔼,善解人意,不能居高临下。惯于伶牙俐齿、语不饶人的人更应谨言慎语,以免惹是生非,这是一种修养。坦诚固然可爱,但如果不分场合、地点、对象,一律口对着心、有什么说什么,是万万不可取的,一个人不可能保证自己所想、所做的都正确,而且听话人的接受能力也不尽相同。

现代社会,纷繁复杂。以一个小小的个体去防备各式各样的人组成的群体,不是一件简单的事情。

沉默是金。如何让这句话成为你立世的良言,需要你仔细地研究。

在现实当中,有正人君子,有奸佞小人。俗话说,防小人不防君子。在你的人生路途中，既有坦途，也有暗礁。俗话说：祸从口出。

在与人交往的时候，一定要注意说话的内容、分寸、方式和对象，要多听少说。如果不注意，想说什么就说什么，想怎么说就怎么说，说的时候只图一时痛快，不注意隔墙有耳，往往容易招惹是非，授人以柄。

如果想顺利地走上成功之路，首先应该安身立命，适应环境，只有适应了环境才能改变环境，才能为自己的成功创造环境。但是如果你说话的时候不注意，让别人抓住自己的把柄和漏洞，同事当中的小人很可能就把这些当作为你设置陷阱的材料，必要的时候让你陷进去。

所以，要防备别人为你制造不必要的事端，就要学会多听少说。并且，一个毫无城府、喋喋不休的人，会显得浅薄俗气，会给人缺乏涵养的印象。

"闲谈莫论他人非。"背后议论人，早晚有一天会传到当事人耳中，且经过多次传达之后，原文早已走样，当事人听到的往往是夸张了的版本，结果就不言而喻了。发牢骚也是一样。遇到不平事，通过发牢骚取得心理平衡本无可厚非，但牢骚太盛往往会偏激。特别是有针对性的，以大家都熟悉的人为目标的牢骚，结果常常会遭人怨恨。

冷眼待人接物，称作"白眼"，这个典故的由来起自阮籍。阮籍能做青白眼：伪君子来访，他白眼以对；相反的，意气相投的朋友到来，他青眼待之。这种差别待遇，常使伪君子恼羞成怒。

不过，尽管有这么不留情面的言行举止，阮籍终能平安无事。理由是，他从不说人是非，也从不批评世事。嵇康在给友人的信中，曾提道："阮籍从不论人是非。这一点是我一直想学，却学不到的地方。"司马昭也曾说："若论天下第一慎重人物，则非阮籍莫属。与他交谈，内容尽是深远哲理，至于时事、他人是非，从不曾提过。"

对周遭的批判，常有被乱用的危险。有些人在听你批评别人时，一副深有同感的样子。事后，却去告诉当事人。这种出卖的事情，应该不很稀奇才对！

"为什么××总是和我作对？这家伙真让人烦！""××总是和我抬杠，不知道我哪里得罪他了！"……办公室里常常会飘出这样的流言蜚语；要知道这些飞短流言是职场中的"软刀子"，是一种杀伤性和破坏性很强的武器，这种伤害可以直接作用于人的心灵，它会让受到伤害的人感到非常厌倦。

要是你非常热衷于传播一些挑拨离间的流言，至少你不要指望其他同事能热衷于倾听。经常性地搬弄是非，会让公司的其他同事对你产生一种避之唯恐不及的感觉。要是到了这种地步，相信你在这个单位的日子也不太好过，因为到那时已经没有同事把你当回事了。

有的人在白天工作时受到上级没有道理的一顿批评后，喜欢晚上约个同事小喝一杯，然后对着同事发牢骚，认为同事既然和自己喝酒了，应该站在自己的这一方，借着酒气，对上级大肆抱怨起来。类似这种事情一定要避免。在同事面前批评上级，无疑是自己给别人丢下把柄，有一天身受其害都不明白是怎么回事。

所以，不问青红皂白地直言快语，轻则使人下不来台，重则造成隔阂。某些20多岁的年轻人工作也很辛苦，能力也不差，就是打不了满分，究其根源就是坏在那张嘴上。相反，有的人工作、能力均非一流，但因言语、举止得体而颇有人缘。

列出这么多忌讳的说话方式，那以怎样的一种说话方式才算合适呢？敖英又提出了说话"十贵"，如下：

（1）言贵简：说话要简洁。说话简洁，又能把意思表达清楚，把道理说明白，就可以提高品德学识的修养；多言、轻言、杂言、漏言、尽言、出位、狎下、强聒、讥评之言这些毛病也就可以根治了。

（2）言贵诚实：谈话以诚实为原则，不能脱离实际地乱说。能做到说话诚实，戏言、妄言、巧言、谗言、轻诺之言这些毛病就可以克服了。

（3）言贵和平：说话要心平气和，不必疾言厉色。

（4）言贵婉：言辞委婉才能够感动别人。

（5）言贵逊：说话要谦逊，不要用言语激恼别人。懂得言贵平、贵婉、贵逊，直言、奸言、恶言、矜言，以及谄谀、卑屈、取怨、招祸之言等毛病就可以避免了。

（6）言贵合理：话不能随便说，说出来就要合情合理。

（7）言贵时：说话要合时宜。

（8）言贵养心：说话要有利于心气平和。言为心声，心地纯正，说话自然不差。

（9）言贵养气：说话要心平气和，不冷静就会说出错话。

（10）言贵有用：有用之言才能利人济事。

很少有人愿意听你的得意事

生活中有些人总认为自己比别人技高一筹，事事比人强。他们就总喜欢把得意的事挂在嘴上，逢人便夸耀自己如何能干，如何富有，完全不顾及别人的感受，甚至没有顾及当时的听者是不是一个正处于人生低迷期的人。他们夸夸其谈后总以为就能够得到别人的敬佩与欣赏，而事实上，别人并不愿意听你的得意之事，自我炫耀的结果往往适得其反。

王昭的父亲就是一个喜欢炫耀的人，不论谁到他家去，椅子还没有坐热，他父亲就把自己家值得炫耀的事情一件一件地告诉人家，说话时还是一副十分得意的样子。王昭一个同学的父亲下岗了，经济上有点紧张，他父亲知道了，非但没有安慰人家，反而对这位同学的父亲说："我每月工资5000元，我们家花也花不完。"

王昭给父亲买了一件羊毛衫，因为很值钱，父亲就跑到人家那里去炫耀："这是我儿子在上海给我买的衣服，猜一猜多少钱？1800元。"说完，脸上露出得意的表情，意思是：怎么样，买不起吧。就因为他的这个毛病，现在到他家里去的客人越来越少，因为没有人愿意听他的长篇大论，充当他炫耀自己的陪衬。

在别人面前一定要多一点谦虚，少一点炫耀，尤其不能在失意者面前炫耀你的得意。因为你的得意往往会衬托出别人的失意，甚至会让对方认为你炫耀自己的得意之事便是嘲笑对方的无能，让对方产生一种被比下去的感觉，让失意的人更加恼火，甚至讨厌你。

一个懂得做人的人都知道，当自己的人生处于得意之时，千万别将得意之色在那些此时正处于人生低谷的人面前显露，这样你才能不会伤人，也不会被伤。反之，当把自己的得意展现无

遗时，就会招来别人的怨恨。为什么？因为你拿自己的成功，对比了他人的失败，最起码，他会认为，他输给了你。

所以，当别人夫妻失和，跟你诉苦，你与其大发宏论，教他夫妻相处之道，不如说："其实，家家如此，你看我和我的另一半，现在好像很恩爱，其实，我们以前也常吵架，甚至曾想过要离婚呢！"这样，他就会在心中想，他比你当年还要强很多，以后应该至少会跟你一样好。

别人事业失败，跟你诉苦，与其以成功者的姿态来指导事业通畅之道，不如告诉他，你当年跌得比他更惨，现在的辉煌是又做起来的。这样，他也会想，他也能东山再起，和你一样成功。

大家的婚姻都曾失和，大家的事业都曾失利，你和他不是因此而有了共同意识，在感觉上走得更近了吗？

人生在世，难免有婚姻失和、事业失利的时候，所以在他人遇到生活的低谷时，你千万不要将自己的成就摆出来炫耀。不要太过张扬，否则，你最终将在交往中使自己孤立无援，甚至引起别人的厌烦，渐渐与你疏远。

一次，李仁约了几个朋友来家里吃饭，这些朋友彼此都是熟识的。李仁把他们聚拢来，主要是想借着热闹的气氛，让一位目前正处于人生低谷的朋友心情好一些。

这位朋友不久前因经营不善，关闭了一家公司，妻子也因为不堪生活的压力，正与他谈离婚的事。内外交迫，他实在痛苦极了。

来吃饭的朋友都知道这位朋友目前的遭遇，大家都避免去谈与事业有关的事。可是其中一位朋友因为目前赚了很多钱，酒一下肚，忍不住就开始谈他的赚钱本领和花钱功夫，那种得意的神情，连李仁看了都有些不舒服。那位失意的朋友低头不语，脸色非常难看，一会儿去上厕所，一会儿去洗脸，后来提前离开了。李仁送他出去，在巷口，他愤愤地说："老吴会赚钱也不必在我面前说得那么神气。"

李仁了解他的心情，因为在多年前他也遭遇过人生低潮，而当时正风光的亲戚在他面前炫耀自己的薪水、年终奖金，那种感受，就如同把针一支支插在心上那般，有说不出的苦楚。

在朋友面前，千万不要炫耀自己的得意，没人愿意听这样的消息。如果你只顾炫耀自己的得意事，对方就会疏远你，于是你不知不觉中就可能失去了一个朋友。

聪明的人会将自己的得意放在心里，而不是挂在嘴边，更不会把它当作炫耀的资本。

当你和朋友交谈时，最好多谈他关心和得意的事，这样可以赢得对方的好感和认同，从而加深你们之间的感情。

有一个人在刚调到市人事局的那段日子里，几乎在同事中连一个朋友也没有，他自己也搞不清是什么原因。

原来，这个人认为自己正春风得意，对自己的机遇和才能满意得不得了，几乎每天都使劲向同事们炫耀他在工作中的成绩，炫耀每天有多少人找他请求帮忙，那个几乎说不出名字的人昨天又硬是给他送了礼等"得意事"。但同事们听了之后不仅没有人分享他的"得意",而且还极不高兴。

后来,还是他当了多年领导的老父亲一语点破,他才意识到自己的症结到底在哪里。以后,每当他有时间与同事闲聊的时候,他总是让对方把自己的得意炫耀出来,与其分享,久而久之,他的同事们都成了他的好朋友。

年轻人在20多岁以后,生活中与人相处时,一定要谨记——不要在失意者面前谈论你的得意。

诚然,人在得意之时难免有张扬的欲望,但是要谈论你的得意时,要注意场合和对象。你可以在演说的公开场合谈,对你的员工谈,享受他们投给你的钦羡目光;也可以对你的家人谈,让他们以你为荣,但就是不要对失意的人谈。因为失意的人最脆弱,也最敏感,你的谈论在他听来都充满了讽刺与嘲讽的味道,让失意的人感受到你"看不起"他。当然有些人不在乎,你说你的,他听他的,但这么豪放的人不太多。因此,你所谈论的得意,对大部分失意的人是一种伤害,这种滋味也只有亲身体验过的人才知道。

一般来说,失意的人攻击性较少,郁郁寡欢是最普遍的心态,但别以为他们只是如此。听你谈论了你的得意后,他们普遍会有一种心理——怀恨。这是一种转移到心底深处的对你的不满的反击,你说得唾沫横飞,不知不觉已在失意者心中埋下一颗炸弹。

失意者对你的怀恨不会立即显现出来,因为他无力显现,但他会通过各种方式来泄恨,例如说你坏话、拉你后腿、故意与你为敌，而最明显的则是疏远你，避免和你碰面，以免再见到你，于是你不知不觉就失去了一个朋友。

　　随意自夸是不善做人者的通病，为此常会败事。只有改变这一点，不被人讨厌，才有可能真正被人接纳，找到成事的"切入点"。

第五章 这十年，你要如何把工作做好

干一行爱一行，努力工作不抱怨

"工作就是为了养家糊口，无所谓喜欢不喜欢。"一般人带着这种思想工作，在工作中是不会有很出色的成绩的，而且经常会让自己感到忧虑，对工作充满抱怨。确实，每天花 1/3 的时间去做自己不太喜欢的工作确实是一件痛苦的事情。

卡耐基指出，正确的思想，会使任何工作都不再那么厌烦。老板要你对工作感兴趣，他才好赚更多的钱。但是我们何不忘掉老板想要什么，而只是想着：爱上自己的工作，对自己有好处。提醒自己，这样可能使自己从工作中获得快乐，因为你醒着的时候，约有一半时间要花在工作上，要是在工作中找不到快乐，就绝不可能再在任何地方找到它。不断提醒自己，爱上自己的工作，而不是抱怨，可以将你的思想从忧虑上移开，而最后，还可能带来晋升和加薪。即使不这样，也可以把疲乏减至最少，并帮助你享受自己的闲暇时光。

有一天，美国著名职业演说家桑布恩乔迁至新居不久，就有一位邮差来敲他的房门。"上午好！桑布恩先生！我叫弗雷德，是这里的邮差。我顺道来看看，并向您表示欢迎，同时也希望对您有所了解。"他说起话来总是表现出兴高采烈的神情，他的真诚和热情始终溢于言表，并且他的这种真诚和热情让桑布恩先生既惊讶又温暖，因为桑布恩从来没有遇到过如此热情的邮差。

他告诉弗雷德，自己是一位职业演说家。"既然是职业演说家,那您一定经常出差旅行了?"弗雷德微笑着继续说,"既然如此,那您出差不在家的时候,我可以把您的信件和报纸刊物代为保管,打包放好。等您在家的时候,我再送过来。"这简直太让人难以置信了,不过桑布恩说:"那样太麻烦了,把信放进邮箱里就行了,我回来时取也一样的。"弗雷德解释说:"桑布恩先生,窃贼会经常窥视住户的邮箱,如果发现是满的,就表明主人不在家,那您可能就要身受其害了。"

桑布恩先生心里想,弗雷德比我还关心我的邮箱呢,不过,毕竟这方面他才是专家。弗雷德继续说:"我看不如这样,只要邮箱的盖子还能盖上,我就把信件和报刊放到里面,别人就不会看出您不在家。塞不进邮箱的邮件,我就搁在您房门和屏栅门之间,从外面看不见。如果那里也放满了,我就把其他的留着,等您回来。"弗雷德的这种工作热情以及这种认真负责的态度着实让桑布恩先生感动,他甚至怀疑弗雷德究竟是不是美国邮政的员工。但是,无论怎样,弗雷德的建议完美无缺,没有理由让人拒绝。

两周后,桑布恩先生出差回来刚到家门,突然发现门口的擦鞋垫跑到门廊的角落里了,下面还遮着什么东西。原来事情是在桑布恩先生出差的时候,联邦快运公司把他的一个包裹送错了地方,幸运的是弗雷德把它捡起来,放到桑布恩的住处藏好,还在上面留了张纸条,解释了一下事情的经过,这让桑布恩先生非常感动。弗雷德是一个普通的美国人,从事着普通的职业,然而他对工作的热情成为一时佳话。

工作的有趣与否，不在于工作本身是否有趣，而在于你有没有热诚勤奋地去做你的工作。再枯燥无味的工作，努力去做，也会变得有趣。

爱上自己的工作，除了不断地提醒自己，更要用热情去积极面对工作，只要用真诚的热情对待工作，你会发现工作有很大乐趣。大发明家爱迪生说："在我的一生中，从未感觉是在工作，一切都是对我的安慰……"爱上工作，不仅能在工作中得到安慰与快乐，而且工作的同时也会给你带来回报。

有一位父亲告诫他的孩子说："无论未来从事什么样的职业，如果你能够对自己的工作充满热情，而不是抱怨，那么，你就不用为自己的前途担心了。因为，在这个世界上散漫粗心的人到处都有，而对自己的工作善始善终、充满激情的人却很少。"

美国著名人寿保险推销员弗兰克·帕克就是凭借着对工作的热情，创造了一个又一个的奇迹。起初弗兰克·帕克想当个职业棒球员，可加入球队不久就遭受了一次很大的打击，他被球队开除了，原因是动作无力、没有激情，是对工作缺乏热情的缘故。球队经理对帕克说："你这样对职业没有热情，不配做一名职业棒球运动员。无论你到哪里做任何事情，若不能打起精神来，对工作付出热情，你永远都不可能有出路。"

后来，帕克的一个朋友给他介绍了一个新的球队。在加入新球队的第一天，帕克做出了一生中最重大的转变，他没有抱怨以前的经历，而是决定要做美国最有热情的职业棒球运动员，帕克也一直身体力行。结果证明，他的转变对他具有决定性的意义。

帕克在球场上，就像身上装了马达一样，强力地击出高球，接球手的手臂都被震麻木了。

有一次，帕克像坦克一样高速冲入三垒，对方的三垒手被帕克的气势给镇住了，竟然忘记了去接球，帕克轻松赢得了胜利。热情给帕克带来了意想不到的结果，他的球技好得出乎所有人的意料。更重要的是，由于帕克的热情感染了其他的队员，大家也变得激情四溢。最终，球队取得了前所未有的佳绩。当地的报纸对帕克大加赞扬："那位新加入进来的球员，无疑是一个霹雳球手，全队的人受到他的影响，都充满了活力，他们不但赢了，而且他们的比赛成为本赛季最精彩的一场比赛。"而帕克呢？由于对工作和球队的激情，他的薪水由刚入队的500美元提高到约5000美元，是原来的10倍。在以后的几年里，凭着这一股热情，帕克的薪水又提高了约50倍。

你一定会为帕克的热情所折服，但故事到此并没有结束。后来由于手臂受伤，帕克离开了心爱的棒球队，来到一家著名的人寿保险公司当保险助理，但整整一年都没有一点业绩。帕克还是没有抱怨，而是又迸发了像当年打棒球一样的工作热情，很快他就成了人寿保险界的推销至尊。他深有感触地说："我从事推销工作30年了，见到过许多人，由于对工作始终充满激情，他们的收效成倍地增加；我也见过另一些人，由于缺乏激情而走投无路。我深信在工作中投入热情是成功推销的最重要因素。"

任何工作、任何事情，需要的不是抱怨，而是需要你投入极大的热情，有了对工作的热情不仅能发挥自己的创造力，同时也能影响身边的同事甚至是整个团队。一个充满热情、充满创造力的员工和团队才会造就辉煌。对工作缺乏热情，在哪里都不会走远的。所以想在工作中有一个好的发展，必须干一行爱一行，努力工作不抱怨。

今日敬业，明日才敢谈创业

有敬业精神，带着使命感去工作，不仅是对工作的负责，更是对自己的投资。

日本有一项国家级的奖项，叫"终生成就奖"。无数的社会精英一辈子努力奋斗的目标，就是为了能够最终获得这项大奖。但其中有一届的"终生成就奖"，颁给了一个"小人物"——清水龟之助。他原来是一名橡胶厂工人，后来转行做了邮差。在最初的日子里，他没有尝到多少工作的乐趣和甜头，于是在做满一年以后，觉得很厌倦，便心生退意。这天，他看到自己的自行车信袋里只剩下一封信还没有送出去时，他便想道：我把这最后的一封信送完，就马上去递交辞呈。然而这封信由于被雨水打湿而地址模糊不清，清水花费了好几个小时的时间，还是没有把信送到收信人的手中。由于这将是他邮差生涯送出的最后一封信，所以清水发誓无论如何也要把这封信送到收信人的手中。他耐心地穿越大街小巷，东打听西询问，好不容易才在黄昏的时候把信送到了目的地。原来这是一封录取通知书，被录取的年轻人已经焦急地等待好多天了。当他终于拿到通知书的那一刻,他激动地和父母亲拥抱在了一起。看到这感人的一幕,清水深深地体会到了邮差这份工作的意义所在。"因为即使是简单的几行字,也可能给收信人带来莫大的安慰和喜悦。这是多么有意义的一份工作啊!我怎么能够辞职呢?"在这以后,清水更多地体会了工作的意义,他不再觉得乏味与厌倦,他深深地领悟了职业的价值和尊严,他一干就是25年。从30岁当邮差到55岁,清水创下了25年全勤的空前纪录。他在得到人们普遍的尊重的同时,也于1963年得到了日本天皇的召见和嘉奖。

"我们不能把工作看作是为了五斗米折腰的事情,我们必须从工作中获得更多的意义才行。"我们不要简单地认为我们工作只是为了安身立命,而是应该找出自己职业的意义所在并且尊重它。

几年前,哈佛大学的罗宾斯博士去巴黎参加研讨会,开会的地点不在他下榻的饭店。他仔细地看了一遍地图,发觉自己仍然不知道该如何前往会场所在的五星级旅馆,于是他走到大厅的服务台,请教当班的服务人员。

这位身穿燕尾服、头戴高帽的服务人员,是位五六十岁的老先生,脸上有着法国人少见的灿烂笑容。他仪态优雅地摊开地图,仔细地写下路径指示,并带罗宾斯博士走到门口,对着马路仔细讲解前往会场的方向。

他的热忱及笑容让人如沐春风,他的服务态度彻底改变了罗宾斯博士原来觉得"法式服务"冷漠的看法。在致谢道别之际,老先生微笑有礼地回应:"不客气,祝你顺利地找到会场。"接着老先生补了一句,"我相信你一定会很满意那家饭店的服务,因为那儿的服务员是我的徒弟!""太棒了!"罗宾斯博士笑了起来,"没想到你还有徒弟!"老先生脸上的笑容更灿烂了,说道:"是啊,25年了,我在这个岗位上已经工作了25年,培养出无数的徒弟,而且我敢保证我的每一个徒弟都是最优秀的服务员。"他的言语流露出发自内心的骄傲。罗宾斯博士看着他,心里有一种很奇怪的感觉。"什么?都25年了,你一直站在旅馆的大厅啊?"罗宾斯博士不禁停下脚步,向他请教乐此不疲的秘密。

老先生回答说:"我总认为,能在别人生命中发挥正面影响力,是件很过瘾的事情。你想想看,每年有多少外地旅客来到巴黎观光,如果我的服务能帮助他们减少'人生地不熟'的胆怯,而让大家感觉像在家里一样,因此有个很愉快的假期的话,这不是很令人开心吗?这让我感觉到自己成为每个人假期中的一部分,好像自己也跟着大家度假一样愉快。老先生接着说:"我的工作是如此重要,许多外国观光客就因为我而对巴黎有了好感。所以我私下里认为,自己真正的职业,其实是'巴黎市地下公关部长'!"他眨了眨眼,神情得意。罗宾斯博士被老人的回答深深地震撼了,他从老人朴实的言语中感受到了一种不同寻常的力量。

老人并不单纯地认为只是一个普通的酒店大厅服务员,他知道这里经常有世界各地的人士来巴黎,因此自己的形象会影响到巴黎的形象,于是老人就有了"巴黎市地下公关部长"一般的使命感，并乐此不疲。

认清工作的意义是焕发一个人内心工作热情的前提，一个人只有充分认识到自己工作的价值，才能够拥有使命感，才能够体会到工作最深层次的乐趣。此外，我们还要兢兢业业、脚踏实地地工作。

2002年10月，一家公司的营销部经理带领一支队伍参加某国际产品展示会。在开展之前，有很多事情要做，包括展位设计和布置、产品组装、资料整理和分装等，需要加班加点地工作。可营销部经理带去的那一帮安装工人中的大多数人，却和平日在公司时一样，不肯多干一分钟，一到下班时间，就溜回宾馆去了，或者逛大街去了。经理要求他们干活，他们竟然说："没加班工资，凭什么干啊。"更有甚者还说："你也是打工的，不过职位比我们高一点而已，何必那么卖命呢？"

在开展的前一天

晚上，公司老板亲自来到展场，检查展场的准备情况。到达展场，已经是凌晨1点，让老板感动的是，营销部经理和一个安装工人正挥汗如雨地趴在地上，细心地擦着装修时粘在地板上的涂料。而让老板吃惊的是，其他人一个也见不到。见到老板，营销部经理站起来对老总说："我失职了，我没能够让所有工人都来参加工作。"老板拍拍他的肩膀，没有责怪他，而指着那个工人问："他是在你的要求下才留下来工作的吗？"经理把情况说了一遍，这个工人是主动留下来工作的，在他留下来时，其他工人还一个劲地嘲笑他是傻瓜："你卖什么命啊，老板不在这里，你累死老板也不会看到啊！还不如回宾馆美美地睡上一觉！"老板听了，没有做出任何表示，只是招呼他的秘书和其他几名随行人员加入工作中去。参展结束，一回到公司，老板就开除了那天晚上没有参加劳动的所有工人和工作人员，同时，将与营销部经理一同打扫卫生的那名普通工人提拔为安装分厂的厂长。

那一帮被开除的人很不服气，找到人力资源总监理论："我们不就是多睡了几个小时的觉吗，凭什么处罚这么重？而他不过是多干了几个小时的活，凭什么当厂长？"他们说的"他"就是那个被提拔的工人。人力资源总监对他们说："用前途去换取几个小时的懒觉，是你们的主动行为，没有人逼迫你们那么做，怪不得谁。而且，我可以通过这件事情推断，你们在平时的工作中偷了很多懒。他虽然只是多干了几个小时的活，但据我们考察，他一直都是一个敬业的人，他在平日里默默地奉献了许多，比你们多干了许多活，提拔他，是对他过去默默工作的回报！"

我们不仅要对工作有这样的觉悟，而且要兢兢业业、踏踏实实地对待工作，这才是一个敬业者所应具备的。

理想也可以"当饭吃"

"我想当一名宇航员""我想当科学家"……到底什么才是理想，对于20多岁的年轻人们来说，可能会认为理想是伟大的，可是现实却是残酷的，有时我们必须在现实面前妥协，告别自己"大而空"的理想。其实不是的，如果坚定信心执着于自己的理想，你会有不同的收获。例如一个人将自己的一生——整整54年的时间全部用于追求理想会怎样？我们不妨看看"现代奥林匹克运动之父"顾拜旦的一生。

顾拜旦是一个有些特别的贵族，生于法国巴黎的一个贵族家庭，承袭了男爵头衔。他获得了文学、科学和法学3个学位。青年时代的顾拜旦志在教育和历史，在普法战争中战败而萌生了教育救国和体育救国的思想。

想，还要行动，于是，顾拜旦开始了逐步的动作。1888年，顾拜旦出任法国学校体育训练筹备委员会秘书长，并发起成立了第一个"全法学校体育协会"，设立了"皮埃尔·德·顾拜旦奖"，以表彰最优秀的运动员。1889年，召开推广在教育中设立身体练习课程代表大会，他担任大会秘书长。

真正让顾拜旦走近奥林匹克的是在1890年。那一年，顾拜旦访问了希腊奥林匹克运动的发源地——奥林匹亚，碧波荡漾的爱琴海、巍峨的奥林匹亚山，唤醒了他从小形成的对古代奥林匹克的向往和崇敬。他逐渐萌生了以古代奥林匹克精神来推进国际体育运动的想法，以创办现代奥运来弘扬奥林匹克精神。一种举办世界性的奥林匹克运动会的设想使他开始积极投入到创办现代奥运会的工作之中。

这次希腊之行使27岁的顾拜旦确立了复兴奥运的人生目标，从这时开始，他开始为这个理想而近乎狂热地努力着。

严格地说，顾拜旦并不是世界上第一个提出复兴奥运会的人。在他之前，德国体育教育家古茨·姆茨、考古学家库提乌斯，曾先后提出此议。但他们仅仅局限于设想，而真正将设想付诸实践的，唯有顾拜旦。

自从希腊之行确立了人生目标后，顾拜旦积极地行动起来。1891年，他创办了《体育评论》杂志，积极宣传复兴奥林匹克精神，为推动奥林匹克运动复兴做了大量思想动员工作。

在1892年11月25日，他发表了"复兴奥林匹克"演说，人们却反应冷淡。对此顾拜旦并不气馁。他开始到法国各地以及欧美许多国家游说。每到一地，他总是充满激情地谈论复兴奥运，点燃人们的热情。

功夫不负有心人，1894年6月16日，"国际体育教育代表大会"在巴黎开幕，有12个国家2000多人出席了开幕式，顾拜旦起草了开幕词。

1894年6月23日，31岁的顾拜旦得到了一个圆满的结果：

来自欧美37个运动组织的78位领导人一致通过决议，从1896年起恢复4年一次的奥运会，并且规定了"业余运动"的原则和参赛项目，确定了第一届奥运会在希腊举行。

当1896年明媚的春天到来的时候，第一届现代奥运会在雅典如期举行。熄灭已久的奥运圣火，在容纳8万观众的大理石运动场再次点燃，主席台上的顾拜旦和人们一起发出了激动的欢呼。而在此之前，希腊曾经因为财政困难一度打算放弃奥运会主办权。

为此，顾拜旦做出了艰苦的努力，他多次前往希腊，动用所有的社交手段，一个一个说服王储、国王、首相，动员富豪出资赞助，还在欧洲和希腊本土展开募捐。为了筹集资金，希腊发行了第一套奥运邮票。

"奥林匹克邮票一发行，举办奥运就成了定局。"顾拜旦的话证实了后来人们传颂的"邮票挽救了首届奥运会"的佳话。

第二届巴黎奥运会和世博会同时举办，两者产生矛盾。顾拜旦被迫辞职，还不时遭到讥笑和唾骂，但他忍辱负重，从不气馁。

从1883年20岁时就开始了复兴奥运会的工作，直到1937年9月2日逝世，顾拜旦整整为奥林匹克运动奋斗了54年。其间，他不顾家庭的不快和困难，对工作不分巨细都亲自操办：文件，宣传，设计图案……他四处奔走联络各方，广交朋友争取支持，呕心沥血，殚精竭虑。

整整54年的时间，从1883年20岁时开始复兴奥运会到1937年9月2日逝世，顾拜旦将他的一生都奉献给了奥林匹克。

在他的倡议下，第一届现代奥运会顺利召开，并走向国际化。1896～1925年，顾拜旦在任奥委会主席期间，先后成立了20多个国际单项运动联合会，使国际奥委会的成员由14个发展到45个，被称为"现代奥运会之父"。

顾拜旦提出了奥林匹克运动发展模式——"双和模式"，即促进世界和平，建立和谐社会。顾拜旦还强调把"体育与文化和教育结合起来"，创造一种培养良好素质的生活方式。单纯的体育构不成奥林匹克运动，只有体育与文化教育相结合才是奥林匹克运动。即"奥林匹克运动＝体育＋文化＋教育模式"。奥林匹克主义包含体育、文化和教育这3方面的内容，"寓文化、教育于体育之中"，缺一不可。

顾拜旦还是个原则性很强的人，他坚持奥运会是属于世界的，应该在全世界各个不同城市举办，而希腊人认为奥运会是希腊的，雅典应是奥运会的永久举办地。由于顾拜旦的坚持原则才使奥运会有今天的辉煌。顾拜旦对和平、友谊、进步宗旨的原则，对反对歧视、坚持平等的原则，对奥运与文化的教育的结合，对人的和谐发展，对逆向代表制等原则的坚持不渝，如今已成效显著地写入奥林匹克宪章中……1937年9月2日，顾拜旦在瑞士日内瓦去世，随后被安葬在国际奥委会总部所在地瑞士洛桑。按照他的遗嘱，他的心脏安葬在奥林匹克运动发源地——希腊奥林匹亚的科罗努斯山下。

你能想象，今天全世界都为之疯狂的奥运会，就是这样诞生的吗？凭着一个人的力量，到处奔走，四处结交陌生人，与外国人打交道……当我们看看今天的奥运会影响到的人群，再看看顾拜旦的人生，我们就知道理想是可以"当饭吃"的。如果年轻的你正要放弃自己的抱负，感到绝望和无助，不妨问问自己：这真的比举办世界奥运会还难吗？

你在为自己的未来工作

一个人庸庸碌碌，在任何职位上都不会有所成就的。如果你热爱自己的工作，认真对待自己所从事的岗位，对自己的工作认识明确，在工作中积极主动、最大限度地发挥自己的聪明才智，不管做什么工作都会取得成就。

谁也不想在得过且过、碌碌无为中度过自己的一生。如果想要达到自己希望的高度，就要从现在开始为自己的未来铺路，因为成功不是一蹴而就的，成长是靠一点点的努力积累起来的。从现在开始努力工作，为自己的未来工作，在你的工作岗位上不断积累，不断成长。

要实现心中的理想，就应该脚踏实地地工作，让自己在工作中慢慢成长，才是我们真正要走的道路。如果想"一步登天"，那只能是"痴人说梦"，而理想也就只会是梦想，永远不会变成现实，只有不断地在工作中学习、成长，才能丰满自己的羽翼，让自己飞得更高。

有的人会说，我对未来没有什么大的追求，也不想成就什么伟业。这样你就可以懈怠自己，对工作不认真了吗？不，你可以没有远大的目标，但是每个人都需要成长。谁也不想十几年后的自己回头看看走过的人生之路，都是在重复、原地踏步，成长才是最重要的。

任何一个优秀的员工都是从开始工作一点点成长起来的，不断朝着自己的理想努力，并逐步向更高更长远的目标前进，这样在工作中才会让自己充满活力。

在工作中成长才是最重要的，真正认识到自己是在为自己的未来工作的人，看重的是自己从工作中得到的收获，在工作中学到的知识和积累的经验，因为他们清楚这些都是自己事业大厦不可缺少的基石。

要想在工作中得到成长，首先要树立正确的观念——工作是为了自己的未来，成长才是最重要的。工作也是人生的存在形式，不管你在哪里工作、为谁工作，你首先是"工作"，把自己应该做的事情做好，然后才是为谁而工作的问题。其次要有正确的心态——为自己的未来工作而不是为老板工作的正确心态。

聪明的员工明白是在为自己工作，更是为自己的未来工作，因为成长才是最重要的。脚踏实地的耕耘者在平凡的工作中学到了知识，增长了能力，让自己逐步成长，最终实现了自己的梦想；而一心为他人工作的人，只能活在每天的"迷茫"和"痛苦"中，度过不愉快的一生。

吉姆在一家五金商店做售货员，最初时每周只能赚两美元。他刚开始工作时，老板就对他说："你必须掌握这个生意的所有细节，这样你才能成为一个对我们有用的人。"

"一周两美元的工作，还值得认真去做？"与吉姆一同进公司的年轻同事不屑地说。

对于这个简单得不能再简单的工作，吉姆却干得非常用心。

经过几个星期的仔细观察，年轻的吉姆注意到，每次老板总要认真检查那些进口的外国商品的账单。由于那些账单使用的都是法文和德文，于是，他开始学习法文和德文，并开始仔细研究那些账单。一天，老板在检查账单时突然觉得特别劳累和厌倦，看到这种情况后，吉姆主动要求帮助老板检查账单。由于他干得非常出色，以后的账单自然就由吉姆接管了。

一个月后的一天，他被叫到一间办公室。老板对他说："吉姆，公司打算让你来主管外贸。这是一个相当重要的职位，我们需要能胜任的人来主持这项工作。目前，在我们公司有20名与你年龄相当的年轻人，只有你工作踏实、认真、一丝不苟。我在这一行已经干了40年，你是我亲眼见过的3位真正对工作认真负责的年轻人之一。其他两个人，现在都已经拥有了自己的公司，并且小有建树。"

吉姆的薪水很快就涨到每周10美元，一年后，他的薪水达到了每周180美元，并经常被派驻法国、德国。他的老板评价说："吉姆很有可能在30岁之前成为我们公司的股东。他已经在工作中经过一步步的努力，积累了大量的知识，并以自己的实力得到可以升迁的机会。"

员工为老板打工，老板必须付给员工报酬，这是员工价值的一种体现。但是，除了工资之外，工作中还蕴含着许多对个人有用的知识。我们在工作中获得的报酬除金钱外，最大的收获就是经验，还有就是良好的培训、职业技能的提高和个人品德的完善。这些东西，如果我们在企业里工作时能很好地获得，让自己在获取知识、运用知识中成长，将会受益一生。这些无形的东西，都是为自己的未来做准备的，再多的金钱都买不来。

一位成功学专家曾经说过，一个人应该永远同时从事两种工作：一件是目前所从事的工作，另一件则是真正想做的工作。

如果你能将该做的工作做得和想做的工作一样认真，那么你一定会成功，因为你正在为未来做准备，正在学习一些足以超越目前职位甚至成为老板的技巧。

当你拥有了为自己未来工作的心态时，你就会离自己的期望目标越来越近。

成功的关键不在学历，也不在出身和地位，就在我们从事的工作中。如果我们能够像吉姆那样，树立起为自己的未来打工的理念，在工作中不断学习和提升自己的业务素质，那么无论从事什么工作，我们都能找到让自己成功的机会。

20多岁初出茅庐的男人多数找不到别人看上去很神气的职位，那么就不如安下心来，踏踏实实地从低职位做起。不要瞧不起低职位，没有低水平的工作，只有低水平的人。无论多么平凡的小事、多么平凡的职位，只要从头至尾认真对待，便是大事，便是成功。

做事情要拿出信心

很多年轻人刚工作没有3个月就会换工作，因为"我觉得自己做不好""这个工作和我当初想的不一样""我觉得工作的内容与我的专业无关"……一大堆的借口，本质上都是在掩饰自己的信心不足。信心就是力量。"信心"在人们的眼中也许还是一个老生常谈的词汇，人们习惯于在面试之前、求婚之前、面对没有把握的事情之前，拿出这两个字来给自己加油打气；在参加演讲之前、领奖之前、踌躇满志的时候，为自己呐喊助威；在挫折和失败面前，面对令人沮丧的现实，让自己拥有一根精神杠杆。

我们习惯了被"信心"鼓动，乐于接受它输送给我们的瞬间力量，却常常忽视了它的本义——错误地以为"信心"是一个随叫随到的朋友，而不是每时每刻自然而然地焕发，是扎根在内心深处的认知和能量。

不得不承认，大多数时候，是"信心"这两个字给了我们力量，而不是信心本身。缺乏信心的人太多太多，并不特指我们身边极少数内向、害羞、胆小的人，那些表面看上去强悍、镇定、春风得意的人，未必是自信的人。

在判定自己是否有信心之前，人们至少先要反思下面的问题：

你的目光是否经常闪烁不定？

你与别人握手的时候是否坚定有力，让对方感到被尊重？

你对于外界评价的重视程度是否在合理的范围之内？

你怀疑自己将梦想变成现实的能力吗？

你是否对别人的冒犯反应过激？

你能不能接受与他人的差距，能不能接受别人在某方面比自己好？

对于自己能力范围之外的事，你能否坦然处之？

对于自己的缺点，能否对你最重视的人承认？

在婚姻爱情方面，你害怕失去吗？

信心是无处不在的，信心是广义的，它不只与成功挂钩，人生的所有方面都与信心有关。而工作尤其如此。当你面临挑战的时候，信心会让你坦然地去接受挑战，而不是一味地退缩。

信心就像食物中的盐，只靠吃盐不能维持生命，但是如果没了盐，所有的菜都没有味道，人体会因缺碘而生病。如果没有信心，能力就会大打折扣；如果没有信心，美貌就会暗淡无光；如果没有信心，勇士也会畏缩不前；如果没有信心，行动就会游移不定；如果没有信心，爱情会变成折磨捆绑；如果没有信心，成功后面只是新一轮的迷惘恐慌……

信心不是无所不能的，但是没有信心，所有的好事都无法提高人的幸福感，所有的坏事都会变得更糟糕。

拿破仑在一次与敌军作战时，遭遇顽强的抵抗，队伍损失惨重，形势非常严峻。而他也因一时不慎掉入泥潭，弄得满身是泥，狼狈不堪。可此时的拿破仑却浑然不顾，内心只有一个信念，那就是无论如何也要打赢这场战斗。只听他大吼一声："冲啊！"

他手下的士兵见他那副滑稽模样，忍不住都哈哈大笑，但同时也被拿破仑的乐观自信所鼓舞。一时间，战士们群情激扬，奋勇当先，终于取得了战斗的最后胜利。

危急的困境没有变，人员和军备没有变，只因为有了乐观积极的心态，因为相信自己的力量，拿破仑带领的军队扭转了战局。

古人说："吾心信其可行，则移山填海如反掌折枝那么容易；吾心信其不可行，反掌折枝就难如登天。"有了信心，就有力量，信心的力量真是不可思议！

现代企业尤其需要自信，小到公司业务员外出签单、推销产品，再到公司老板接见权势人物，大到整个企业做大做强、上市集团化、达成成为500强企业的梦想，都需要坚定的信心来支撑，如果没有信心，公司业务员到市场中就很难签到单回来；如果没有信心，公司老板见到权势人物时就会底气不足、公关受挫；如果没有信心，企业就永远不会发展壮大，在市场经济的风浪中最终败下阵来，归于消亡。

一位哲人说得好："谁拥有了自信，谁就成功了一半。"高尔基也指出："只有满怀自信的人，才能在任何地方都把自信沉浸在生活中，并实现自己的理想。"古往今来，成功人士虽然从事不同的职业，具有不同的经历，但有一点是共同的：他们对自己都充满自信，由此激励自己自爱、自强、自主、自立。有了自信，就有了成功的希望。

别把目光盯在那点薪水上

刚刚步入社会的年轻人，好不容易找到了一份还算称心的工作，却不知道该如何去做好本分工作，而面对亟待改善的生活状态，如何看待工作与薪水的关系也成了我们需要重视的问题。对待工作和薪水，我们应当有平和的心态和正确的认识，急功近利往往会适得其反。

当然，我们工作是为了解决生计这一当务之急，在这一前提下，我们更应当注重工作的意义，学会在工作中充分挖掘自己的潜能、发挥自己的才干，为自己的理想而工作。虽然薪水是对工作报偿最直接的一种方式，但只注意到薪水无疑也是最短视的。如果一个人只为了薪水而工作，往往会被眼前利益蒙蔽了心智，使人沦为简单的工作机器，没有更高尚的目标，这会使我们看不清未来发展的道路。只在乎薪水并不是一种好的人生态度，否则受害最深的不是别人，而是自己。

对薪水斤斤计较，工作上就容易产生消极情绪，长此以往，会让自己的热情全部消散，最终归于庸庸碌碌。一个以薪水为个人奋斗目标的人是无法走出平庸的生活模式的，也从来不会有真正的成就感。

我们需要明白，工作所给我们的，不只是薪水，它能提升我们自身的能力。如果我们满怀热情地视工作为一种积极的学习经验，那么，每一项工作中都包含着许多成长的机会。因此，即使我们在面对微薄的薪水时，我们也当换一个角度想想，我们在工作中得到的经验、教训、才能，其价值要高出薪水千万倍。

而事实也是如此，在计较自己的薪水之前，如果我们满怀热情地投入到工作中、时刻想着如何改善自己的工作效率，如何将工作做出色，那么，我们就根本不需要为薪水的事情担忧了。

我们做事情要分清主次，不要本末倒置。如何把工作做得出色才是我们的当务之急，薪水只是随我们工作的恶与劣而定的。所以当我们刚踏入社会，不必过分考虑薪水的多少，而应该注意工作本身带给我们的报酬，注意认真工作、加强对自身能力的提升。譬如自己的工作技能、社会经验等等，与我们在工作中获得的技能与经验相比，薪水也就显得不那么重要了。老板支付给我们的是金钱，而我们赋予自己的是享之不尽的财富之源。

能力比金钱重要万倍，金钱有尽，而能力则是带来财富的不竭源泉。我们很容易发现，许多成功人士一生起伏跌宕，他们也有人生低谷的时候，最后帮他们重返巅峰的不是金钱而是能力。

工作的态度决定工作的质量，工作的质量决定生活的质量。将工作仅仅当作赚钱谋生的工具，是无法改善自己工作的质量的，生活当然也不尽如人意。暂时抛却薪水的纠缠，把工作当作足以骄傲自豪的事业来看待，平凡的工作也会变得无比有意义，生活也就充满乐趣。

布拉德·皮特被公司总部安排前往日本工作，与美国本土轻松、自由的工作氛围相比，日本的工作环境不但显得更紧张、严肃和有节奏感，而且薪水比在美国少了很多，这让布拉德很不适应。为此布拉德的生活一片糟糕。

布拉德向主管抱怨道:"这边简直糟透了,我就像一条放在死海里的鱼,连呼吸都困难!"

主管是一位在日本工作多年的美国人,他完全能理解布拉德的感受。主管给布拉德传授了一条秘诀:"我教你一个简单的方法,每天早上起来对着镜子至少说50遍'我来日本工作很自豪,我为的不是薪水而是经验'。记住,要面带微笑,发自内心地说。"

布拉德抱着试试看的态度,一开始还觉得很别扭,要知道"刻意地发自内心"可不是件容易的事情。可是几天下来,布拉德不但已经能够使自己熟练而自然地说出"我来日本工作很自豪,我为的不是薪水而是经验",而且他还觉得周围的同事似乎对他也变得越来越友善了。

其实布拉德没有意识到的是,这几天的练习使他脸上的笑容越来越灿烂,工作也变得愉快了很多,他的这一表现不知不觉地感染了周围的同事,使大家都开始愿意接近他。

两个月后,布拉德发现在日本工作简直是一件让人愉快的事情!

所以说,20多岁的年轻人如果总是为自己到底能拿多少工资而大伤脑筋的话,又怎么能看到工资背后可能获得的成长机会呢?又怎么能意识到从工作中获得的技能和经验,对自己的未来将会产生多么大的影响呢?

要知道,工作给你的,要比你为它付出的更多。如果你将工作视为一种积极的学习经验,那么,每一项工作中都包含着许多个人成长的机会。

第六章 这十年，你要多留点『心眼儿』

巧借外力圆梦

美国《黑人文摘》刚开始创刊时，前景并不被看好。它的创办人约翰逊为了扩大该杂志的发行量，积极准备做宣传。他决定组织撰写一系列"假如我是黑人"的文章，请白人把自己放在黑人的地位上，严肃地看待这个问题。他想，如果能请罗斯福总统夫人埃莉诺写这样一篇文章就最好不过了。于是约翰逊便给她写了一封非常诚恳的信。罗斯福夫人回信说，她太忙，没时间写。但是约翰逊并没有因此而气馁，他又给她写了一封信，但她还是回信说太忙。以后，每隔半个月，约翰逊就会准时给罗斯福夫人写一封信，言辞也愈加恳切。不久，罗斯福夫人因公事来到约翰逊所在地芝加哥，并准备在该市逗留两日。约翰逊得此消息，喜出望外，立即给总统夫人发了一份电报，恳请她趁在芝加哥逗留的时间里，给自己的杂志写一篇文章。罗斯福夫人收到电报后，没有再拒绝。她觉得无论多忙，她都不好意思说"不"了。

这个消息一传出去，全国都知道了。直接的结果是：《黑人文摘》在一个月内，发行量由2万份增加到15万份。后来，约翰逊又出版了黑人系列杂志，并开始经营书籍出版、广播电台、妇女化妆品等，成为闻名全球的企业家。

巧借他人的力量和威名达到自己的目的是一种策略。约翰逊借助罗斯福夫人的影响力和号召力，让自己的杂志成功地引起了读者的关注,这就是一种"借力"智慧。当我们的力量还不够强大时用他人的影响力帮助自己做事。或许有人认为这不能体现自己的实力,只是"走后门""投机取巧"而已,但这种想法实在是太古板、太固执,不知变通。诚然,我们借助贵人也要有一定的度,不能采取逢迎拍马、送礼贿赂等小人手段,但我们可以凭借自身实力、才华、智慧等,打动贵人的心,让他们认识到我们的价值而乐于做一个"相马"的伯乐。贵人的引荐和提拔往往就是强有力的敲门砖,能够为自己赢得更多的机会和更广阔的舞台,充分地施展自己的才华。

懂得借力使力,是一种博弈的思维,一个人的力量是有限的,因为一个人的价值判断、社会历练、人生经验由于受到环境的影响会有许多不足。所以在面对复杂的社会环境时,这些基本条件就有可能不够用,而借用别人的力量正好可以取长补短,补足自己的不足之处,提高自己的竞争能力,获得成功。

要知道凡成大事者,都是"借力"的高手,他们敢借、能借、会借、善借,从而取得了不俗的成就。一位商界著名人物、也是银行界的领袖说过:他的成功得益于把每一个职员都安排到恰当的位置上,而且他还努力使员工们知道他们所担任的职责对于整个事业的重大意义,这样一来,这些员工无须他人的监督,就能把事情办得有条有理、十分妥当。一个步入社会的人,必须寻求他人的帮助,借他人之力,方便自己,一个没有多少能耐的人必须这样,一个有能耐的人也必须这样。借朋友之力,使他人为自己服务,让自己能够高居人上,这是一个人高明的地方。特别是那些自己所欠缺的东西,更要多方巧借,借用别人之势达成自己的目的,学会四两拨千斤的迂回战术。

我们看到,那些功成名就的成功人士,当谈起自己的成功经历时,会感谢很多帮助过他的人。我们相信他们说话时的真诚,因为大凡成功者的身前背后,确实总有一些给予他切实帮助的人,或给他一把助力,或给他一个倚靠。在这个人与人的关系如此密切的时代,没有人能单枪匹马轻易成功。还在幻想做超人英雄的幻想者往往只是一个失败的"个人主义者"。而知道做人变通的成功者,往往是借力而发,达到人生顶峰的。所以,幸运之神总是垂青那些善于为自己找到靠山的人们。

20 世纪 50 年代末期,美国的佛雷化妆品公司几乎独占了黑人化妆品市场。尽管有许多同类厂家与之竞争,却无法动摇其霸主的地位。这家公司有一名供销员名叫乔治·约翰逊,他邀集了 3 个伙伴自立门户经营黑人化妆品。伙伴们对这样的实力表示怀

疑，因为很多比他们实力更强的公司都已经在竞争中败下阵来。约翰逊解释说："我们只要能从佛雷公司分得一杯羹就能受用不尽了！所以在某种程度上，佛雷公司越发达，对我们越有利！"

约翰逊果然没有辜负伙伴们的信任，当化妆品生产出来后，他就在广告宣传中用了经过深思熟虑的一句话："黑人兄弟姐妹们！当你用佛雷公司的产品化妆之后，再擦上一层约翰逊的粉质膏，将会收到意想不到的效果！"这则广告用语确有其奇特之处，它不像一般的广告那样尽力贬低别人来抬高自己；而是貌似推崇佛雷的产品，其实质是来推销约翰逊的产品。

借着名牌产品，替新产品开拓市场的方法果然灵验，通过将自己的化妆品同佛雷公司的畅销化妆品排在一起，消费者自然而然地接受了约翰逊粉质膏。接着，约翰逊进一步扩大业务，生产出一系列新产品。经过几年努力，终于成了黑人化妆品市场的新霸主。

利用不是丑恶的，而是各取所需。一个人，无论在哪方面，都离不开人与人之间的相互利用。借朋友之力，正是一个人高明的地方。这种借力的理想目的就是共赢，而最常见的借力就是合作，在合作中寻求平衡。人与人之间这种相互借力、达到共赢的微妙关系，就好像自然界犀牛与犀牛鸟的关系，一头犀牛足有好几吨重，它皮肤坚厚，如同披着一身刀枪不入的铠甲，头部那碗口般大的一支长角，任何猛兽被它一顶都要完蛋。但犀牛也有自己的问题，那就是皮肤问题。犀牛的皮肤坚厚，但皮肤皱褶之间又嫩又薄，一些体外寄生虫和吸血的蚊虫便乘虚而入，吸食犀牛的血液。犀牛自己挠不着痒痒，正好有犀牛鸟来帮忙。犀牛鸟饱食一顿，犀牛也落个干净，这就是双赢。我们可以想到，如果犀牛鸟从犀牛身上捞不到好处，它是不会管这闲事的；犀牛要不是为了免受寄生虫和蚊虫的侵扰，也不会让犀牛鸟靠近。所以，想要双赢，就要拿出对方受益的条件。

俗话说：一个篱笆三个桩，一个好汉三个帮。20多岁的年轻人应该知道，个人大部分的成就是拜他人所赐。他人常在无形之中把希望、鼓励、辅助投入我们的生命中，在精神上鼓舞我们，使我们的各种能力趋于锐利。善于借助别人的力量，让弱小的自己变得强大，让强大的自己变得更加强大，可以使自己的成功更持久。

冒险孕育着成功

20多岁的年轻人，如果不是主动地迎接风险的挑战，便是被动地等待风险的降临，冒险总比墨守成规让你更有机会出人头地。

美国钢铁大王安德鲁·卡内基在未发迹前的年轻时代，曾担任过铁路公司的电报员。

有一次在假日期间，轮到卡内基值班，电报机传来的一通紧急电报，内容令卡内基几乎从椅子上跳了起来。

紧急电报通知在附近铁路上，有一列货车车头出轨，要求上司命令替班列车改换轨道,以免发生追撞的惨剧。

当天是假日,卡内基找不到可以下达命令的上司,眼看时间一分一秒地过去,而一班载满乘客的列车正急速驶向货车头的出事地点。

卡内基只好敲下发报键,以上司的名义下达命令给班车的司机,调度他们立即改换轨道,从而避免了一场可能造成多人伤亡的意外事件。按当时铁路公司的规定,电报员冒用上司名义发报,唯一的处分是立即革职。卡内基十分清楚这项规定,于是在隔日上班时,写好辞呈放在上司的桌上。

上司将卡内基叫到办公室内,当着卡内基的面将辞呈撕毁,拍拍卡内基的肩头说:"你做得很好,我要你留下来继续工作。记住,这世上有两种人永远在原地踏步:一种是不肯听命行事的人,另一种则是只听命行事的人。幸好你不是这两种人其中的一种。"

清楚地了解什么是自己该做的,什么又是不该做的,这是所有成功者都需要具备的条件。

卓越者之所以能够卓越,取决于他愿意去做一些平庸者所不愿意做的事;平庸者之所以平庸,乃在于他一直在做成功者所不愿意做的事。

要能够清楚地了解什么是该做或不该做的事,首要条件就是必须拥有明确的目标,其次需要有清晰的定位,最后加上智慧。这样,就可以有正确的判断力,把握住自己该做的事情。

世界上大多数人都不愿意去冒险。他们平平庸庸地挤在平坦的大路上，小心谨慎地走着，以为这样就可以平平安安、轻轻松松地过一生，但他们永远也领略不到人生奇异的风情。他们要在拥挤的人群里争食，说不定，某一天没有争到食物，还要挨冻受饿，这难道不是一种风险吗？而且这还是一种难以逃避的风险，还是一种越来越无力改善现状的风险。就像温室里的花草，当某天寒流袭来时，最早冻死的便是这些没经过风雨的花草。

所以，生命从本质上说就是一次探险。

任何事情的圆满结局都是等不来的，必须用行动促成其实现。要打破平庸，就得敢冒一定的风险，虽然有时候免不了失败，但这种失败同样具有不可磨灭的价值，其价值就体现在后来的成功之中。

约翰·吉姆森升为公司新产品部经理后的第一件事，就是要开发研制一种儿童所使用的胸部按摩器。然而，这种新产品的试制失败了，吉姆森心想这下非要被老板"炒鱿鱼"不可。

吉姆森被召去见公司的总裁，然而，他受到了意想不到的接待。"你就是那位让我的公司赔了大钱的人吗？"总裁问道，"好，我倒要向你表示祝贺。你能犯错误，说明你勇于冒险。如果你缺乏这种冒险精神，我的公司就不会有发展了。"

数年之后，吉姆森成了公司的总经理，他仍然牢记着总裁的这句话。

一家大公司的总裁说得好："冒险精神具备与否，实际上是一个员工思考能力和人格魅力的体现。"是的，作为一个员工，只有你把冒险精神投入到工作中去，你的老板才会感觉到你的努力。

20多岁的年轻人，才华和能力只有通过冒险，通过克服一道道难关，才能展现出来。而安于现状、不思进取的人，没有危机感的人，不愿参与竞争和拼搏的人，他们得到的奖赏肯定不是成功，而是彻头彻尾的失败。

善于把不利因素变为有利因素

武汉市某条路上有一座远近闻名的新华书店。该新华书店分上下五层，宽敞明亮，为广大读者提供了全方位的书籍、音像制品等。其规模、销售实力，以及市场辐射力、品牌影响力，在江城武汉赫赫有名。面对如此强大的竞争对手，谁敢在那条路上以卵击石地开一家小书店呢？但却有一个小伙子偏偏反其道而行之。

这个小伙子原来是开花店的，通过卖花淘了第一桶金。他很喜欢读书，于是决心试着在图书这一领域闯一闯。经过一番缜密的市场调查后，他毅然决定在那家新华书店附近的街面上租下一个30平方米左右的门面开书店。

这个小伙子深知，如果以常规经营方式运作小书店，面临如此强劲的对手，到最后只怕是竹篮打水一场空。只有采取非常规的营销手段和经营方式，才能在这个大书店的指缝中找到生存的空间。起初，小书店以销售一些虽已过期但可读性仍较强的期刊为主，每本1～3元的价格吸引了大量路过的读者。然后，他又引进一些可以折价出售的正版图书。而且，小伙子在广告牌上声明：凡购买正版图书达一定数量的顾客，可以获得相应的赠品杂志。果然，几招出手，效果立显。许多读者争相走进了这家颇具特色的小书店。小伙子和他的店员们以热情、灵活的服务，留住了大批读者，店中生意做得红红火火。

随着小书店逐渐拥有了一定的回头率，小伙子又推出了图书预订服务，帮助顾客采购所需的图书。最后，小书店终以自己独特的经营理念，共享了新华书店的大批顾客。

危险中往往蕴藏着新的机会。那些善于思考的人，往往能变"危机"为"良机"。从"危机"一词的组合中我们可以看出：危险中往往蕴藏着新的机会。在那些善于思考的人面前，往往能变"危机"为"良机"。"塞翁失马，焉知非福。"任何危机都蕴藏着新的机会，这是一条颠扑不破的人生真理。而能否有效地利用危机，让危机激发出有利的一面，便是成功与否的一大关键。

星巴克刚刚开张的时候，既能给顾客提供咖啡，又有舒服的氛围和小资的环境，而且连锁经营越做越大，曾被一些自营咖啡店看成是"恶魔王国"。但行业调查显示，大部分咖啡店在和这个西雅图巨人的短兵相接中，不但生存下来了，而且生意比以前还好。这是因为，星巴克的出现让其他经营者更重视创新，提高了经营的警惕性。

星巴克为顾客喝特制咖啡提供了一个舒适的地方，但特制咖啡是一个新兴行业，有足够的空间让小规模经营者从星巴克手里争夺顾客。新的消费者在喝过星巴克之后，爱上小店特制咖啡口味的可能性大大增加，也就是说，星巴克唤醒了很多潜在的咖啡顾客。

在绝大多数情况下，一个购物中心不能垄断所有的市场，但能占据一些细分市场。例如高品质的珠宝和高端的童装市场。当出现一个顾客购买高档珠宝首饰和童装市场的首选购物中心之后，它周围的其他购物中心则竭尽全力发展成顾客购买其他商品的首选地。两个邻近的购物中心免不了激烈竞争，但是总体来说它们的生意都增长了，并抢走了其他地区不像它们那样专注于细分市场、培育独特吸引力的购物中心的客户。

曾经有人因为星巴克的自制咖啡而头痛，但也有人灵机一动搭上了顺风车。当星巴克买下了大版的报纸广告宣传它们的自制咖啡时，有一个聪明的老板娘到速印点做了一面旗子，上面写着"提供5种自制咖啡"。

无论是新华书店旁边的小店，还是星巴克附近的咖啡屋，都是一种借势的思维，将原本不利的因素，变成对自己有利的因素。

每个想要获得成功的男人都应在头脑中有"借势"这个理念，这个"势"可能是你身边的朋友，每个人都可能是你的"势"，成为你的有效资源。在经济学界有一个"信息不对称"理论：一个人对某种事物所掌握的现有信息和这种事物的所有信息总是不对称的，也就是说，一个人对某种事物所包含的信息，只能是多掌握一些，而不可能全部掌握。正是信息的不对称，给人们判断、选择和决策带来难度。要减少判断和决策失误，就要多获取信息,"寸有所长,尺有所短"说的就是这个道理。若想获取信息,关键就在于发掘和利用身边的所有可能,既包括别人的智慧,也包括有用的社会资源。

主动示弱,赢得人心

20多岁的年轻人要强不服输是自然的,但回想整个成长的经历,是不是不服输就真的能为自己赢得胜利、带来好处呢?恐怕很多人在小的时候都有因为盲目的固执和倔强,结果被爸爸妈妈狠狠"修理"一顿的经历吧?很显然,这就是不肯示弱的"代价"。在为人处事上,示弱并不是懦弱的表现,而是一种不俗的智慧体现。

曾有一位记者去拜访一位政治家,目的是想获得有关他的一些丑闻资料。然而,还来不及寒暄,这位政治家就对想提问的记者制止说:"时间还长得很,我们可以慢慢谈。"记者对政治家这种从容不迫的态度大感意外。

不多时,仆人将咖啡端上桌来,这位政治家端起咖啡喝了一口,立即大嚷道:"哦!好烫!"咖啡杯随之滚落在地。等仆人收拾好后,政治家又把香烟倒着放入嘴中,从过滤嘴处点火。这时记者赶忙提醒:"先生,你将香烟拿倒了。"政治家听到这话之后,慌忙将香烟拿正,不料又将烟灰缸碰翻在地。平时趾高气扬的政治家出了一连串洋相,使记者大感意外。不知不觉中,记者原来的那种挑战情绪消失了，甚至对政治家产生了一种亲近感。

这整个过程，其实是政治家一手安排的。当人们发现杰出的权威人物也有许多"弱点"时，过去对他抱有的恐惧感就会消失，而且由于受同情心的驱使，还会对对方产生某种程度的亲密感。

可见，示弱在某些情况下是自我保护的一种手段，适当地降低自己、故意出出洋相，可以拉近他人与你的距离，消除彼此之间的陌生和敌对感，在一些竞争和谈判的场合下，还能起到麻痹对手的作用。

《道德经》第七十八章说："天下莫柔弱于水，而攻坚强者莫之能胜，其无以易之。弱之胜强，柔之胜刚。"老子对水的推崇，不仅仅因它善利万物而不争，也不只是水无定形能因时而化，还在于水以柔弱胜刚强，以至柔驰骋天下至坚。这便是老子的贵柔论。阴柔与刚强并存于世，刚强的状态是一种巅峰，也是显露的极致，而阴柔则可看作是一种发展的初始和过程，所以阴柔也蕴含着更大的发展空间及其可能性。从历史观之，懂得示柔的人，也才能最终以柔克刚。

秦末天下大乱，各路人马揭竿起义，他们之间约定先攻入咸阳者为王。当时，势力还不甚强大的刘邦先于其他人马，第一个攻进了咸阳。入城后，刘邦一时间贪恋繁华，大有称王之心。当此之时，亲信樊哙警告他说："你如果想当一个财主，就留在这里；但如果你想要得到整个天下，就应该马上离开这里，免得成为众矢之的。"樊哙的话是有道理的,咸阳是众人箭矢下的猎物,各路人等早就觊觎多时,而这些人中还有势力强大的项羽。如果此时以硬对硬,刘邦必然要吃亏。刘邦虽然有一身无赖气,却也能分清形势,退出咸阳,向项羽示弱,甘居下位,而在暗中凝聚力量,最终在楚汉之争中取胜。

示弱可以减少乃至消除不满或嫉妒。事业上的成功者、生活中的幸运儿,被嫉妒是客观存在的,用适当的示弱方式可以将其消极作用减少到最低限度。示弱能使处境不如自己的人保持心理平衡,有利于团结周围的人们,赢得人们的信任。会做事的人善于示弱求怜,这是一种上上之策,因为并不是实力不强,只是示弱罢了。如果能把实力隐藏彻底,就能取得意想不到的效果。

刚参加工作的张浩发现公司的人都很好胜,而自己似乎有很多的不足。张浩天性真诚,他并没有遮掩什么弱点。就这样,其他的员工有时会嘲笑他,有时也会以"老大"的身份对他的工作指指点点。毕竟人各有所长,张浩发现自己的一些不足正是有些人的优秀面,他的真诚使大家对他很信任,有利于他的学习。

他不断地观察、学习,但他并没有发现,他以往的许多不足在慢慢消失,而周围的员工还是没怎么进步的老样子。两年后,当张浩被上层任命为业务经理时,四周投来了惊讶的目光。大家不敢相信,那个什么都不会的小伙子居然成了他们的业务经理。

张浩正是用了这一"示弱"的方法取得了一个小成功。弱点就是弱点,对于不示弱者来说,示弱需要莫大的勇气。它促使你不断向他人学习,来弥补自己的弱点。你并不会因为示弱而失去什么,相反,你只会得到许多的财富。

不过,20多岁的年轻人也应该知道,示弱不是哗众取宠,不是傻出洋相,而是一种偶尔为之的"冷幽默"。它可以是个别接触时推心置腹的交谈、幽默的自嘲,也可以是在大庭广众之下,有意以己之短,衬人之长。很巧妙地、不露痕迹地在他人

面前暴露自己某些无关痛痒的缺点，出点小洋相，表明自己并不是一个高高在上、十全十美的人物，就会使别人对你放松警惕，对你产生亲近之感。例如地位高的人在地位低的人的面前不妨展示一下自己的低学历，表明自己实际是个平凡的人。成功者在别人面前多说自己失败的经历、现实的烦恼，给人以"成功不易""成功者并非十全十美"的感觉。对眼下经济状况不如自己的人，可以适当诉说自己的苦衷，诸如健康欠佳、子女学业不如意以及工作中存在诸多困难，让对方感到"他家也有一本难念的经"。某些专业上有一技之长的人，最好说明自己对其他领域一窍不通，袒露自己日常生活中闹过的笑话等。

成功总是留给有智慧的人。你有多少弱处其实就有多少失败的可能。一个人敢于示弱，就有了弥补的机会和可能。示弱不是软弱，而是一种人生的智慧和清醒。一个强者能保持清醒，那他离成功也不远了。

灵活应变，全面兼顾

世上的事，常常是风云突变，叫人难以把握。因此我们很难知道未来是什么样子，很难知道明天我们将面临什么困难。因此，作为一个精明的人士，要懂得变通的学问，要根据实际情况合理安排。只有做到了"因利而制权"，伺机而动，以不变应万变，才能让自己有更大的发展。

以前，有一个出海打鱼的好手，他听说最近市场上墨鱼的价格最贵，就发誓这次出海只打墨鱼。然而很不幸，这次他遇到的全是螃蟹，渔夫很失望地空手而归。当他上岸后，才知道螃蟹的价格比墨鱼还要贵很多。于是，第二次出海，他发誓只打螃蟹，可是他遇到的只有墨鱼，渔夫又一次空手而归。第三次出海前，他再次发誓这次不管是螃蟹还是墨鱼都要。但是，他遇到的只是一些马鲛鱼，渔夫第三次失望地空手而归。可怜的渔夫没有等到第四次出海，就饥寒交迫地离开了人世。

如果渔夫第一次就打些螃蟹拿回来卖，最起码可以保证吃饱穿暖；如果他能在第二次打些墨鱼拿回来卖，那以后的一段时间中，可以不用为饿肚子而犯难；如果他第三次出海捕些马鲛鱼拿回来卖，也可以填饱肚子。如果他当时能够随机应变，也就不会落得被饿死的下场了。

由此可见，一个人要想在生活中过得顺心，就必须具有灵活应变的能力。在生活中是这样，在商战中亦是如此。市场竞争，风云多变，只有灵活应变、全面兼顾，才能掌握主动权，这是一种经营之道。

在一家大公司的 CEO 招聘会上，有 200 多人落选，只有一人被相中了。

这家公司为了考察应聘者随机应变的能力，出了这样一道题：如果在一个下大雨的晚上，你下班开车路过一个车站，看见车站里有 3 个人：一个人是曾经救过你命的医生，一个是生命垂危的病人，一个是你做梦都爱着的人。你的车只能坐两个人，请问,你会选择谁坐你的车?

在那些应聘者当中,有的人说选老头,先把老头送进医院再说;有的人选择医生,因为这位医生曾经救过他的命,把医生送到医院再叫救护车救那个老头;有的人选心爱的人……结果,这些答案都被考官们一一否定了。

直到有个年轻人进门后,仔细地看了看题,然后抬起头自信地说:"我会把车交给医生,让他送老者去医院抢救。至于我,会陪着心爱的人一起等车。"

考官们听后,露出了灿烂的笑容,这个年轻人被录取了。这个年轻人之所以能被录用,就在于他灵活应变,给出了目前为止最完美的答案。

变,是事物的本质特征。面对瞬息万变的社会,20几岁的年轻人应该学会灵活应变,因利而制权,伺机而动,全面兼顾。

知己知彼,百战不殆

西汉宣帝时,赵广汉为京兆尹,为京城长安的父母官。

赵广汉初上任时,长安的治安形势混乱不堪,官匪勾结十分猖獗,百姓受害的事时有发生。

面对严峻的形势,赵广汉召集属下说:"我上任伊始,并不熟悉此中内情,想打击犯罪,也不知从何下手,何况情况不明,乱下重手只会引起混乱,我想让你们暗中侦察,把盗贼的踪迹摸清。"

属下面露难色,说道:"盗贼行踪诡秘,出入不定,即使用力也难出成效。从前官员都是有事打压,无事清闲,大人何必自讨苦吃呢?"

赵广汉表情严肃地说道:"盗贼不绝,根源乃在我们不晓根底,从前官员不尽职所致。我志在剿除盗贼,自然不能和从前的官员一样无为,这是我的命令,违者必惩!"

赵广汉表面上故作轻松,没有更深的戒备,暗地里却命人详查。盗贼们以为赵广汉碌碌无为,于是放下心来,依旧胡作非为。一时之间,盗贼蜂拥而出,长安形势更坏。就连汉宣帝也怒气冲冲地质问赵广汉道:"朕深居宫中,都听说了城外盗贼横行之事,你如何交代?"

赵广汉叩头不止,连声说:"陛下不要担心,请让臣把话说完,贼情不明,轻举妄动便会打草惊蛇,这也是臣最担心的。所以臣故意装作不闻不问,只是想让盗贼悉数暴露,以便臣的属下全然摸清盗贼的状况,查清他们的肇事根源,以及那些和他们勾结的差吏收受了多少贿赂。只有将这些情况都弄得明明白白,才能将他们一网打尽,让他们无法抵赖。陛下放心,臣已广布人手,侦知此事,过不了多长时间,便是盗贼的末日了。"

汉宣帝听罢,不再责怪赵广汉。不久,已经全然掌握贼情的赵广汉四面出击,每击必中,长安盗贼很快就被肃之一空。

赵广汉在摸清盗贼的底细之前,绝不贸然行事,打草惊蛇,只有将一切情报了然于心,时机完全成熟时,才果断出击,从而一击奏效。

把对手的底细摸透，是战胜对手的一个重要前提。一个人的实际状况是不会轻易显现的，这需要耐心细致地调查和取证才能搞清，而20几岁的年轻人往往缺乏的就是等待的耐心，很容易冲动鲁莽，在还没有观察清楚对方的时候，就匆匆下手，结果失去了最佳的成功机会。可见，年轻人在此不下大功夫是不行的，没有捷径可走。没有底牌可出的对手是最脆弱的，在对方最重要的地方下手，在对方最害怕的地方下刀，只要位置找得准，再顽固的对手也只能举手投降，任你摆布。

"糊涂"是一种聪明的处世之道

"扬州八怪之一"的郑板桥有一个非常经典的口头禅——难得糊涂。据说这4个字是郑板桥在山东莱州的云峰山写的。那一年郑板桥专程赶去那瞻仰郑文公碑，因流连于此，不觉盘桓至晚，故不得已借宿于山间茅屋。屋主是一位儒雅老翁，自命"糊涂老人"，出语不俗。他室中摆放着一张方桌般大小的砚台，石质细腻，镂刻雅致，让郑板桥大开眼界。老人请郑板桥题字以便刻于砚背。郑板桥以为老人必有来历，便题写了"难得糊涂"四个字，用了"康熙秀才，雍正举人，乾隆进士"方印。

因砚台过大，尚有余地。郑板桥说老先生应写一段跋语，老人便写了："得美石难，得顽石尤难，由美石而转入顽石更难。

美于中,顽于外,藏野人之庐,不入富贵之门也。"他用了一块方印,印上的字是"院试第一,乡试第二,殿试第三"。郑板桥大惊,知道老人是一位隐退的官员,细谈之下,方知原委。有感于糊涂老人的命名,郑板桥当下见还有空隙,便也补写了一段:"聪明难,糊涂尤难,由聪明而转入糊涂更难。放一著,退一步,当下安心,非图后来报也。"

世间事情纷繁琐碎,而人的精力却非常有限。把有限的精力投入到无限琐碎的事情中去,生命的热情很容易就因此消失殆尽。所以对这些琐事,我们不如采取"放一著,退一步"的态度,生命会因此清澈而轻快。

"安史之乱"爆发后,勇武不凡的郭子仪在河北击败史思明,而后联合回纥(我国古代北方及西北民族,唐德宗时改称回鹘)收复洛阳、长安两京。在此次平定叛乱战争中,居功至伟,晋升为中书令,受封汾阳郡王。代宗时,叛将仆固怀恩勾结吐蕃、回纥进犯关中地区,郭子仪正确地采取了结盟回纥,打击吐蕃的策略,又一次保卫了国家的安宁。因此,唐代宗十分敬重他,并且将女儿升平公主嫁给他的儿子郭暧为妻。

新婚不久,夫妻感情并不和谐。一天,两人因为一点小事拌起嘴来,郭暧看见妻子摆出一副公主的架子,根本不把他这个丈夫放在眼里,愤懑不平地说:"你有什么了不起的,就仗着你老子是皇上!实话告诉你吧,你老子的江山是我父亲打败了安禄山才保全的,我父亲因为瞧不起皇帝的宝座,所以才没当这个皇帝。"在封建社会,皇帝唯我独尊,任何人想当皇帝,都可能满门抄斩。升平公主听到郭暧敢出此狂言,感到一下子找到了出气的机会和把柄,立刻奔回宫中,向唐代宗汇报了丈夫刚才这番图谋造反的话。她满以为,父皇会因此重惩郭暧,替她出口气。

唐代宗听完女儿的诉说,不动声色地说:"你是个孩子,有许多事你还不懂。我告诉你吧,你丈夫说的都是实情。天下是你公公郭子仪保全下来的,如果你公公想当皇帝,早就当上了,天下也早就不是咱李家所有了。"并且对女儿劝慰一番,叫女儿不要抓住丈夫的一句话就乱扣"谋反"的大帽子,夫妻间要和和气气地过日子。在父皇的耐心劝解下,公主消了气,主动回到了郭家。

这件事很快传到了郭子仪耳中,可把他吓坏了。他觉得,夫妻吵架不要紧,可儿子口出狂言,着实他恼火万分。郭子仪即刻令人把郭暧捆绑起来,并迅速到宫中面见皇上,请求皇上严厉治罪。唐代宗却和颜悦色,一点也没有怪罪的意思,还劝慰说:"小两口吵嘴,咱们当老人的不要太认真了。不是有句俗话吗?'不痴不聋,不做家翁。'儿女们在闺房里讲的话,怎好当起真来?咱们做老人的听了,就把自己当成聋子和傻子,装成没听见就行了。"听到老亲家这番合情合理的话,郭子仪的心就像一块石头落了地,顿时感到轻松许多,眼见一场大祸化成了芥蒂小事。

元末明初,豪雄并起。朱元璋相继打败了枭雄陈友谅和张士诚,定鼎南京,建号称帝,由刘伯温亲自选定风水宝地,开工兴建宫殿。朱元璋住进建好的皇宫后，没事便到处走走，散散心。

一天他走到一间刚完工的大殿里，看着雕梁画栋，金碧辉煌，回想自己当年当和尚的情景，不禁感慨丛生，四下顾望无人，便信口把心中所想说了出来："唉，我当年不过为饥寒所迫，想当个盗贼，沿江抢掠些金银财物而已，哪曾想到能有今日这番气象。"说完后，仰头长舒一口气，在观看棚壁的同时却吓了一跳。原来有一个漆匠正在一个大梁上做最后的油漆工作，由于梁木宽大，朱元璋先前竟没发现他。

朱元璋马上意识到自己一时冲动失言，一番只能藏在心底，不能让任何人知道的真实想法可能都已经落入这名漆匠耳中了。如果不杀人灭口，势必会传扬得四海皆知，那可是丢人丢脸又不利于自己以天命愚弄百姓的大事。他开口让那名漆匠下来，连喊了几遍，漆匠充耳不闻，继续慢条斯理地做着手中的活。朱元璋大怒，加大了音量喊，那名漆匠仿佛才听到声音，忙下来跪在朱元璋面前，叩头说："小人不知陛下驾到，没有及时避开，冒犯了陛下，请陛下恕罪。"

朱元璋怒声道："你耳聋了怎的？我叫了你几遍你都不下来？"漆匠叩头说："陛下真是英明，连小人耳朵有点聋都知道。陛下圣明，这是小人和万民的莫大福分。"朱元璋生性多疑，但看漆匠脸上神色并无太大变化，心想他骤然听到这样大的秘密，自然知道厉害，不吓得掉下来，也会面无人色，不会如此平静，看来他真是耳朵有些不灵敏的人呢。也是朱元璋心情好，又见漆匠把自己的宫殿活做得也不错，又很会说话，便摆摆手让他继续干活。这名漆匠当晚找个借口逃出皇宫，连夜逃回家中，携带妻小躲避他乡。而朱元璋后来因为国事繁忙，根本记不得这件事了。

有人说要糊涂还不好做到？我天生脑子就不灵活，我时刻都身处懵懂混沌之中。但是，这里我们所说的糊涂是一种聪明的处世之道，不仅对人的智慧有要求，而且对人的心态和胸襟也有较高的要求，要做到着实不易。"聪明难，糊涂尤难，由聪明而转入糊涂更难。""水至清则无鱼，人至察则无徒。"凡事都太计较不仅浪费自己的生命热情，而且使得人心离向。"不痴不聋，不做家翁"，20多岁的我们虽不是"家翁"，但也不妨学着装装糊涂，装糊涂不仅让自己省心，有时甚至能避免灾难。

第七章 这十年，时间你已浪费不起

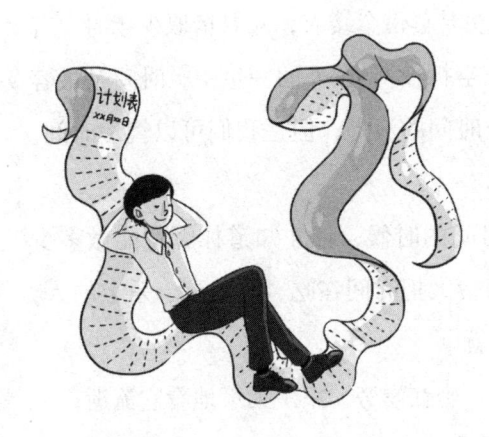

合理管理自己的时间

时间犹如一位公正的匠人，对于珍惜年华者和虚度光阴者的赐予有天壤之别。珍惜它的人，它会在你生命的碑石上镂刻下辉煌业绩；那些随意浪费时间的人，你一生业绩的碑石只能是"无字碑"。总之，对于那些胸无大志的懦夫、懒汉，时间却像一个可恶的魔鬼，难以打发；谁对时间越吝啬，时间对谁就越慷慨。要让时间不辜负你，首先你要不辜负时间；抛弃时间的人，时间也会抛弃他。

时间伴随着我们的一生，我们可以自由支配。然而，许多年轻人觉得有大把的时间可以挥霍，丝毫没有意识到时间在悄然流逝。

陶渊明曾说："盛年不重来，一日难再晨。及时当勉励，岁月不待人。"杜秋娘说："劝君莫惜金缕衣，劝君惜取少年时。有花堪折直须折，莫待无花空折枝。"在人的一生中，时间是最容易流失的，我们无法阻止时间的流逝，但是我们可以管理时间，主宰自己的青春。

只有当你充分利用时间的时候，你才知道你究竟能做多少事。一个不珍惜时间，浪费大把时间在吃、喝、玩、乐上的人，他一辈子都不会有什么成就。

很多人把时间当作河，坐在岸旁，束手无策地看它流逝；也有的人把时间当作自己忏悔的温床，躺在对过去的追忆与哀叹中，苦苦呼唤着已逝的时光，而时间自己却不管你把它当作什么，都按它自己的步伐从容不迫地走着。未来姗姗来迟，现在像箭一般飞逝，过去永远静立不动，而你对待这三者的态度决定了你是能抓住时间，还是被时间所抛弃。

时间是由分秒积成的，只有那些从头到尾利用好时间的人，他的时间才算没有虚度，每年、每月、每天和每小时都有它的特殊任务。集腋成裘，聚沙成塔，几秒钟虽然不长，但是伟大的功绩就蕴含在这零星的时光中。

船夫拉纤的情景可谓是生活中动人心魄的一幕。波涛滚滚

而下，木船逆流而上，纤夫紧紧地拽引着纤绳，喊着号子，踏着沙石，拼力向前迈进。没有彷徨，没有懈怠，更没有停留和后退，因为只要稍微放松手中的纤绳，就会一泻千里，后果不堪设想。

每个人都是江河中的一只小船，而纤夫是谁呢？也是我们自己。

人生有几十年的航程，需要一步一个脚印地走下去。多少年轻人哀叹自己时运不济、命运多舛。殊不知，命运并不是单单不喜欢他们，而是他们在前一段航程里没有拉紧纤绳，让自己在生活中随波逐流。正如歌德所言："谁过玩世的日子，就不能成事；谁不听命于自己，就永远是奴隶。"多少白发苍苍的老人，回首往事时，因虚度年华而悔恨，因放松自己而羞愧。

青春意味着时间的富翁，健壮的体魄，敏捷的才思，无忧的心绪。最富有的东西，是最容易被轻视、糟蹋的东西；最缺少的东西，也是最渴望得到、最珍惜的东西。长处往往与弱点相伴：年轻人会认为来日方长，浪费点没啥；才思敏捷的人一学就会，但往往不求甚解。千万不能仅仅这样来理解青春，趁着你还年轻的时候，要像纤夫闯急流那样，紧紧地抓住纤绳。

合理管理自己的时间是非常重要的，一天的时间如果不好好规划一下，就会白白浪费掉，就会消失得无影无踪，就会一无所成。经验表明，成功与失败的界线在于怎样分配时间，怎样安排时间。许多人往往认为，几分钟乃至几小时的时间没什么用，其实它们的作用很大。本杰明·富兰克林指出："你热爱生命吗？

那么别浪费时间，因为时间是组成生命的材料。"

如果想成功，必须重视时间的价值。时间是要争取才有的，时间是自己安排出来的。忙碌的人能够读很多书，就是因为这个缘故。

对于年轻人来说，想要有成功的人生，必须学会合理管理自己的时间。

善于利用零碎的时间

有这样一种比喻：时间像水珠，一颗颗水珠分散开来，可以蒸发，变成烟雾飘走；集中起来，可以变成溪流，变成江河。只要你善于积累，"博观而约取，厚积而薄发"，就能实现心中的梦想。

著名的数学家华罗庚说："时间是由分秒积成的，善于利用零星时间的人，才会做出更大的成绩来。"生活中有很多零碎时间是大可利用的，如果你能化零为整，那你的工作和生活将会更加轻松。

所谓零碎时间，是指不连续的时间或一个事务与另一事务衔接时的空余时间，这样的时间往往被年轻人忽略过去。零碎时间短，但日复一日地积累起来，其总和将是相当可观的。凡在事业上有所成就的人，几乎都是能有效地利用零碎时间的人。

达尔文是英国著名生物学家，进化论的奠基者。他从小就热爱大自然，在上学的时候就利用闲散时间广泛采集植物、昆虫的标本，而他的父亲则更希望他能够成为一名"尊贵的神父"，对他的爱好并不支持，甚至认为他不务正业。

达尔文想要满足父母的要求，不耽误学业，但又渴望读自己喜欢读的书。于是，他每买一本新书，就把它一页页撕下来，放在口袋里。朋友觉得奇怪，便问达尔文："多可惜，一本书就这样被你毁了。"达尔文回答："我去外面采集标本，无法带上整本书，只能利用零碎的时间，躺在草地上把这一页的内容看完，把一本书保存完整很好，但是放在家里不看，岂不更可惜？对我而言，还是撕下来好。"达尔文正是这样想方设法充分利用一切闲散时间，为他以后的事业积累了大量的资料，使他成就了常人不能成就的伟业。

时间对任何人来说都不是整块的，而是由许多小块组成的，这些小块就是一个人的闲散时间。如果你把一天的闲散时间都充分利用起来，你就会发现，原来自己可以做更多的事。

陈娟就职于一家顾问公司，她工作繁忙，几乎每年都要负责处理100多宗案件。由于这些案件的当事人分散在世界各地，因此她的大部分时间都是在飞机上度过的。她认为和客户保持良好的关系是非常重要的，所以，她经常利用飞机上的"闲暇时间"给客户们写邮件。一次，旁边的旅客对她说："在近3小时里，我注意到你一直在写邮件，你一定会得到老板重用的。"其实，陈娟早已是公司的副总了。

举世闻名的美国科学家爱因斯坦曾说：人的差异在于业余时

间。的确如此。现在许多人将大量业余时间用在了应酬上，赴饭局，打麻将，聊大天，时间就这样白白地溜走了，实在可惜。其实，在你的日常生活中，有许多零星、片段的时间，如：车站候车的三五分钟，医院候诊的半小时等。如果珍惜这些零碎的时间，把它们合理地安排到自己的学习中，积少成多，就会成为一个惊人的数字。

1914年的一天，有一位朋友从柏林来看望爱因斯坦。这天，正好下着小雨，在前往爱因斯坦家的路上，朋友看到一个朦胧的人影在桥上慢慢踱步。这个人来回走着，时而低头沉思，时而掏出笔在一个小本上写着什么东西。朋友走近一看，原来是爱因斯坦。

"原来是你呀，你在这儿干什么呢？"朋友高兴地问道。

"哦，我在等一个学生，他说考完试就来。但是，他迟迟没来，一定是考试把他难住了。"爱因斯坦说。

"这不是浪费你的时间吗？"朋友愤愤不平地说道。

"哦，不，我正在想一个问题。事实上，我已经想出了解决问题的办法。"说着，爱因斯坦就把小本子放进了口袋里。

等待的时间总是难过的，尤其是赶时间的时候，一切像在慢动作般进行。如果能学会充分利用等待的时间，不仅对你知识的增加、事业的成就，而且对你良好性格和情绪维护都有莫大的益处。

例如当我们坐轮船、坐火车长途旅行时，可以看看小说，阅读你有兴趣的书报，背诵外语单词；当你排队看病、等待理发时也可抓紧学习。

美国汽车大王亨利·福特曾说："大部分人都是在别人荒废的时间里崭露头角的。"这也就是在告诫年轻人，要想取得比别人更大的成绩，就要付出比别人更多的时间，而要想在有限的时间获得更大的价值，就要学会利用零碎的时间。

有条不紊，先做最重要的事情

许多年轻人面临一大堆的事情，分不清轻重缓急，一阵子不亦乐乎的繁忙之后，才发现最该办的事情还没有来得及去办，进而影响到了其他事务的进展，导致自己所做的工作没有达到预期的效果。这是在生活与工作中经常能够见到的现象，它的确应该引起我们的深思。

如果你把最重要的任务安排在一天里最有效率的时间去做，你就能花较少的力气，做完较多的工作。何时做事最有效率？各人不同，需要自己摸索。

当你面前摆着一大堆问题时，应问问自己，哪一些真正重要，把它们作为最优先处理的问题。如果你听任自己让紧急的事情左右，你的生活中就会充满危机。

在工作和生活中，要想把手头的事情处理好，就要抛开那些无足轻重的工作，把自己的时间、精力全部集中到最有价值的工作中去，会使你做事的效率更高。

如果一个人常常把自己大部分的时间花在一些不重要的事情上，那么他不仅浪费很多时间，而且也不会取得预期的效果。

为了能让你的时间效率得到最大化，你一定要抛开那些只能给你带来微薄的成果的活动。要想真正成功，你就必须努力减少干扰。如果你在一小时内集中精力去办事，这比花两小时而被打断10分钟或15分钟的效率还要高。

二十几岁的年轻人正是事业发展的重要阶段，每天有许多需要做的事情，如果不分轻重，就有可能把最重要的时间都花费在一些无关紧要的小事上，结果本末倒置。所以，我们在做一件事的时候必须先弄清什么事才是最重要的。

为了求得时间价值的最大化，我们要在每天晚上把第二天必须要做的事情，按照重要性排列出来。到了第二天先去做最重要的事情，这时不必去顾及其他事情，而不能把时间都用在不重要的事情上，重要的事情反而没有时间去做，这无疑是时间管理上最大的失败。

在一次时间管理课上，教授在桌子上放了一个玻璃缸，然后又从桌子下面拿出一些鹅卵石。教授把鹅卵石一一放进玻璃缸中，直到放不下为止，然后问学生玻璃缸满了没有。学生都回答说满了。

教授又从桌子底下拿出一袋小石子，把小石子倒入玻璃缸里，晃一晃，又放进去了一些。教授笑着问学生这回玻璃缸满了没有。这回学生不敢回答得太快了，"可能也没满"有的同学回答。

教授又拿出一袋沙子，慢慢晃着倒进去了。"这回呢？"教授又笑着问。"没有满！"全班同学这下学乖了，异口同声地回答。

接着，教授从桌底下拿出一大瓶水，把水倒进看起来已经被鹅卵石、小石子、沙子填满的玻璃缸。

教授问班上的学生从这件事上你们悟到了什么？一个学生回答："无论我们怎么忙，行程排得多满，如果再挤一下的话，还是可以再做很多事的。"

教授听完后，点了点头，微笑着说道："回答得不错，但这不是我要告诉你们的重点。我想告诉大家的是，如果你不先将大的'鹅卵石'放进罐子里，也许以后就没机会放进去了。"

可见，做事如果分不清轻重缓急，没有计划，就有可能错过大好的机会。许多人之所以勤勤恳恳做事却没有收获，其中一个重要的原因就是，他们缺乏洞悉事物轻重缓急的能力，做起事来毫无头绪。

哈佛商学院可谓如今美国最大、最富、最有名望、最具权威的管理学院。它每年招收750名两年制的硕士研究生、30名四年制的博士研究生和2000名各类在职的经理进行学习和培训。在他们的教学中，经常给学生讲述一种很有效的做事方法：80对20法则。即任何工作，如果按价值顺序排列，那么总价值的80%往往来源于20%的项目。简单地说，如果你把所有必须干的工作，按重要程度分为10项的话，那么只要把其中最重要的两项干好，其余的8项工作也就自然能比较顺利地完成了。所以，要把手中的事情处理好，就要抛开那些无足轻重的80%的工作，把自己的时间、精力全部集中在那最有价值的20%的工作中去，这会给你带来意想不到的收获。

同样，我们平时在做事时，也应该学会运用这个方法，以重要的事情为主，先解决重要的问题，对于一些旁枝末节，可以大胆地舍弃。要知道，科学地取舍能够帮助你把事情做得更好。

充分利用上下班的途中时间

每个年轻的上班族都会有这样的感受，上下班的途中是最难熬的，因为是上下班的高峰期，所以车厢内通常都是拥挤不堪的，这会让人感到非常的不舒服。在车上，我们总是迫不及待地盼望着提早到达目的地，那样我们才能松一口气。

但是我们却常常忽略了这段时间，如果你每天上下班都要在路上度过3小时，那么请你想一下，这3小时，你都做了些什么？也许大多数人都会说："哦，在车上，能做什么呢？"其实，如果你是一个善于利用时间的人，你就不会让这3小时白白丢失在拥挤的车水马龙中。

刘先生今年27岁，从事广告设计工作。他从家里到公司单程大约需1小时20分钟，往返近3小时，这绝不是个短时间。由于公司非常忙，所以，以前他觉得最轻松的时间就是这上下班路上的时间。没有座位的时候，他就站在人群里，漠然地看着窗外,脑子里一片空白,什么都没有。偶尔有座位的时候,他就会抓紧时间眯一会儿。但是,最近他的想法变了。

他开始处处留心车厢内广告和窗外大街上悬挂的各类广告。看着这些五花八门的广告,他就在心底里想,要是自己的话,会怎么做,然后再和原来的广告比较,看哪个更有优势。有时,灵感忽然降临,他会为自己新的点子而兴奋不已。更重要的是,他的思维由此变得更加敏捷,有不少在车上想起的点子都在工作中得以应用,这让他自豪不已。

时间无限,生命有限。在有限的生命里懂得把时间拉长的人就拥有了更多做事情的本钱。

王月在一家外企工作,平时工作很紧张,但是为了以后有更好的发展,他想参加英语八级考试。但是平时她回家还要做家务,照顾刚刚两岁多的儿子,根本抽不出时间来学习。后来,她想了一个办法就是充分利用每天在车上的几个小时默记单词和听英语磁带。这样她每天就可以保证三个多小时的时间来学习,这样坚持了半年多,终于通过了英语八级考试。在得知自己考试通过了的那一刻,她说:"这一切都归功于上下班路上的学习。"

向时间要效益,合理利用时间就是与时间争夺宝贵的生命。

在美国,大多数成年人的上下班在途时间都超过20分钟;而在国内,大多数人每天上下班的在途时间接近1小时。这段时间是学习的最好时机。当然,我们并不是提倡你在驾驶的时候阅读,但是你可以选用另外一种方式来代替阅读。比方说,大多数

的课本都带有一张 CD 盘，几乎没有人把它从包裹里取出过。除了交通拥挤的情况外，大多数上下班时间都是段静谧的时光，在这段时间里学习越多越好。

上下班的途中，这是专属于你的时间，你要合理地利用它，给你创造更多的价值。

著名的科学家爱因斯坦曾经说过："人的差异在于业余时间。"一个人从 20 岁到 60 岁，以每周 5 天每天 8 小时算，工作时间不过 10 年。除了睡觉休息外，业余时间却有 17 年，这 17 年的业余时间往往可以造就一个人，也可以毁掉一个人。

拖延是最可怕的敌人

时光不会倒流，生命不会重来，所以人的一生总会留下无尽的遗憾。生活中常听到三四十岁的中年人感叹"长江后浪推前浪"，面对冲劲十足的后来者，感到巨大的生存压力。今天二十几岁的你，如果现在还没有领悟到时不我待、赶快行动起来的紧迫性，不多久也会有"心有余而力不足"的一天。

成功不是想出来的，也不是说出来的，而是做出来的，是在行动中才能产生的。一切方法、意愿只有在行动中才能发挥指导和辅助的作用，没有行动，一切都是幻想罢了。

有两个学生同时报考某教授的博士生，可是教授只招一个学生，于是教授就给他们出了一道题目，两个学生同时做完了题目。过程一样精彩，结果也一样正确，难分伯仲。教授思考了一下，选择了其中一个。

另一个学生很不服气地问教授："为什么没有选择我？"教授指着题目开始做的时间说："题目是我上周五下午布置的，他是上周五下午4点开始做的，你是周一开始做的。我之所以选择他，是因为我认为一个立刻开始行动的人更具竞争力。"

办事拖拉是很多人的毛病。"明日复明日，明日何其多"，因为年轻，时间多多，岁月多多，拖拉也就不以为然。但是要提高工作效率，干出一番事业，就要尽早克服拖拉的习惯，因为拖拉会造成严重的后果。

一位年轻的女士在怀孕时非常高兴地在丈夫的陪同下买回了一些颜色漂亮的毛线，她打算为自己腹中的孩子织一身最漂亮的毛衣毛裤。可是她却迟迟没有动手，有时想拿起那些毛线编织时，她会告诉自己："现在先看一会儿电视吧，等一会儿再织。"等到孩子快要出生了，那些毛线还像新买回的那样放在柜子里。

孩子生下来了，是个漂亮的男孩。在初为人母的忙忙碌碌中孩子一天一天地渐渐长大。很快孩子就一岁了，可是他的毛衣毛裤还没有开始织。后来，这位年轻的母亲发现，当初买的毛线已经不够给孩子织一身衣服了，于是打算只给他织一件毛衣，不过打算归打算，动手的日子却被一拖再拖。

当孩子两岁时，毛衣还没有织。当孩子三岁时，母亲想，也许那团毛线只够给孩子织一件毛背心了，可是毛背心始终没有织成。渐渐地，这位母亲已经想不起来这些毛线了。

孩子开始上小学了，一天孩子在翻找东西时，发现了这些毛线。孩子说真好看，可惜毛线被虫子蛀蚀了，便问妈妈这些毛线是干什么用的，此时妈妈才又想起自己曾经憧憬的花毛衣。

人为什么会被"拖延"的恶魔所纠缠，很大的原因在于当认识到目标的艰巨时所采取的一种逃避心理，能以后再做的就尽量以后再做，只要今天舒服就行，拖延就这样成为"逃避今天的法宝"。

有些事情你的确想做，绝非别人要求你做，尽管你想，但却总是在拖延。你不去做现在可以做的事情，却想着将来某个时间来做。这样你就可以避免马上采取行动，同时你安慰自己并没有真正放弃决心。你会跟自己说："我知道自己要做这件事，可是我也许会做不好或不愿意现在就做。应该准备好再做，于是，可以心安理得了。"每当你需要完成某个艰苦的工作时，你都可以求助于这种所谓的"拖延法宝"，这个法宝成了你最容易，也是最好的逃避方式。

人的本质都是懦弱的，从这一点上说，拖延和犹豫是人类最合乎人情的弱点。但是正因为它合乎人情，没有明显的危害，所以无形中耽误了许多事情，由此引起的烦恼实质上比明显的罪恶还要厉害。你拖延得了一时，却拖延不过一世，今天你利用拖延这张证件避免了危险和失败，但这样做并没有任何好处。在你避免可能遭到失败的同时，你也失去了取得成功的机会。

不要总让别人等你

现代生活的快节奏，呼唤着我们的时间意识。守时，理应是现代人所必备的素质之一。但是，不守时的情况也经常在我们的身边发生。通知几点开会，却总有那么几个人迟到；约会时间已到，有人就是不见踪影；要求什么时间要办完哪件事，到时也总有人不能按时完成……诸如此类事情，屡见不鲜，让人心烦。

如果只是偶尔一次，似乎也情有可原，然而，仔细观察一下就会发现，在某些年轻人身上，不守时的事是经常发生的。信息经济时代，时间的价值已远非自然经济和工业经济时代可比，不守时，既浪费了自己的时间，也浪费了别人的生命。

靳英是出了名的迟到小姐，熟悉她的人都知道，想要约她见面，最好在预定的时间再推迟半小时，否则你是不会在预定时间看到她的。一次靳英的好朋友过生日，通知所有人晚上6点到，但是6点半的时候靳英还没有出门，等她来的时候，生日宴会几乎结束了。对此，靳英的解释很简单："我忘了时间，反正我来了。"

大学毕业以后，靳英到一家外企单位应聘。第三次面试的时候，对方要求她早上9点到公司，但是9点半的时候，靳英才匆匆赶到。对自己的迟到，靳英的解释是因为堵车。负责面试的经理很不高兴地说："你明知道北京的交通状况不好，容易堵车。为什么不提前出门？"无论靳英怎么解释都没有用，她依然失去了这份难得的工作。

守时是每个人都应具备的美德，约会迟到，会留给别人毫无诚意的印象。约会守时是很必要的，既节省自己的时间又节省他人的时间。因此，你要想成为一个让人尊敬和信任的人，就要遵守你所拥有的宝贵时间，做一名成功驾驭时间的主人。

一些年轻人刚到公司的时候，对公司的规章制度看得较轻。工作上虽十分卖力，但却因经常迟到、早退而给同事和领导留下坏印象。常常迟到、早退或是事先毫无告知便突然请假，不但会让事情变得杂乱无章，而且无法得到老板的信任。每个人都希望别人讲信用、守时间，做一个守时的人，在得到别人尊重的同时,也会给别人一个好印象。

有人说,守时不仅体现出一个人的观念,更能体现出这个人的道德修养。我们在不同的场合切记做到守时。比如:拜会、会见、会谈等活动应正点准时到达;参加招待会、宴会,可正点到达或略迟二三分钟;对于特别正式、隆重的大型宴会千万不可迟到;参加会议或出席文艺晚会等,应提前到达。为了防止堵车等意外情况的发生,可以提前预算好包含意外在内的时间,做好充分的准备。

第八章 这十年,你要做好影响一生的选择

选对方法，远比盲目努力要好

20多岁以后，一路走来，我们身边不乏这样的人：每晚秉烛夜读，可学习成绩始终平平，没有很大的进步；工作兢兢业业、勤勤恳恳，可业绩还是丝毫没有起色……

我们站着不比人矮，躺着不比人短，吃的也不比人少，但为什么就是干得没有别人出色呢？方法的选择是一个很重要的因素，做好选择远比盲目努力要好。

有一个非常勤奋的青年，很想在各个方面都比身边的人强。可经过多年的努力，仍不见有什么成就，这让他很苦恼。于是他决定去请教一位高僧，希望从那里能得到一些指点。

那位高僧明白年轻人的来意后，叫来正在砍柴的3个弟子，嘱咐说："你们带这个施主到五里山，打一担自己认为最满意的柴火。"于是年轻人和3个弟子沿着门前湍急的江水，直奔五里山。

他们返回时，高僧正在原地迎接他们。年轻人满头大汗、气喘吁吁地扛着两捆柴，蹒跚而来；两个弟子一前一后，前面的弟子用扁担左右各担4捆柴，后面的弟子轻松地跟着。正在这时，从江面驶来一个木筏，载着小弟子和8捆柴火，停在高僧的面前。

年轻人和两个先到的弟子，你看看我，我看看你，沉默不语。唯独划木筏的小徒弟，与高僧坦然相对。智者见状，问：

"怎么啦，你们对自己的表现不满意？"

"大师，让我们再砍一次吧！"那个年轻人请求说，"我一开始就砍了6捆，扛到半路，就扛不动了，扔了两捆；又走了一会儿，还是压得喘不过气，又扔掉两捆；最后，我就把这两捆扛回来了。可是，大师，我已经很努力了。"

"我和他恰恰相反，"那个大弟子说："刚开始，我俩各砍两捆，将4捆柴一前一后挂在扁担上，跟着这个施主走。我和师弟轮换担柴，不但不觉得累，反倒觉得轻松了很多。最后，又把施主丢弃的柴挑了回来。"

划木筏的小弟子接过话，说："我个子矮，力气小，别说两捆，就是一捆，这么远的路也挑不回来，所以，我选择走水路……"

高僧用赞赏的目光看着弟子们，微微点头，然后走到年轻人面前，拍着他的肩膀，语重心长地说："一个人要走自己的路，本身没有错，关键是怎样走；走自己的路，让别人去说，也没有错，关键是走的路是否正确。年轻人，你要永远记住：选择比努力更重要。"

要想真正把一件事情做得得心应手，青少年就要学会选择正确的人生目标，因为正确的航向才能到达成功的彼岸。当发现自己已与目标背道而驰时，不要犹豫，放弃它，去寻找属于自己的正确方向，然后把握它。

人生的最大悲剧不是无法实现自己的目标，而是目标有了，却选择了一条错误甚至是与之相悖的道路，然后一条道走到黑。

这样的话,你所做的全部努力都将白费。

从前有个小村庄,村里除了雨水没有任何水源,为了解决这个问题,村里的人决定对外签订一份送水合同,以便每天都能有人把水送到村子里。有两个人愿意接受这份工作,于是村里的长者把这份合同同时给了这两个人。

得到合同的两个人中有一个叫艾德,他立刻行动了起来。每日奔波于1里外的湖泊和村庄之间,用他的两只桶从湖中打水运回村子,并把打来的水倒在由村民们修建的一个结实的大蓄水池中。每天早晨他都比其他村民起得早,以便当村民需要用水时,蓄水池中已有足够的水供他们使用。由于起早贪黑地工作,艾德很快就开始挣钱了。尽管这是一项相当艰苦的工作,但是艾德很高兴,因为他能不断地挣钱,并且他对能够拥有两份专营合同中的一份而感到满意。

另外一个获得合同的人叫比尔。令人奇怪的是自从签订合同后比尔就消失了,几个月来,人们一直没有看见过比尔。这点令艾德兴奋不已,由于没人与他竞争,他挣到了所有的水钱。

比尔干什么去了?他做了一份详细的商业计划书,并凭借这份计划书找到了4位投资者,一起开了一家公司。6个月后,比尔带着一个施工队和一笔投资回到了村庄。花了整整一年的时间,比尔的施工队修建了一条从村庄通往湖泊的大容量的不锈钢

管道。这个村庄需要水，其他有类似环境的村庄一定也需要水。于是比尔重新制订了他的商业计划，开始向全国甚至全世界的村庄推销他的快速、大容量、低成本并且卫生的送水系统，每送出一桶水他只赚1便士，但是每天他能送几十万桶水。无论他是否工作，几十万的人都要消费这几十万桶的水，而所有的钱都流入了比尔的银行账户中。显然，比尔不但开发了使水流向村庄的管道，而且还开发了一个使钱流向自己钱包的管道。从此以后，比尔幸福地生活着，而艾德在他的余生里仍拼命地工作，最终还是陷入了"永久"的财务问题中。

同样是在工作，有些人只懂勤勤恳恳，循规蹈矩，终其一生也成就不大。而有些人却在努力寻找一种最佳的方法，在有限的条件下发挥才智的作用，将工作做到最完美。不可否认，勤奋和韧性是解决问题的必要条件，但是除此之外，我们还应当运用自己的智慧做好选择。

成功有时就是取与舍的较量

"一个坏的决策往往是很容易就决定了，而一个好的决策往往在一时之间难以取舍，这是因为你不知道它到底是对的还是错的。"一个好的新决策往往难以决定，因为一项新决策的实施可能会造成对过去机制的废除，这意味着旧机制所带来的益处也有可能同遭厄运。

同样，有时候一个人作出正确的决定也不是一件容易的事情。我们选择了东边，也就意味着舍去了西边的风景，而到底是东边的风景好还是西边的风景好，我们的选择到底是对还是错，我们无从知晓，所以我们徘徊不定、犹豫不决而且苦恼不已。事情的选择往往总是鱼或者熊掌，很难有兼而取之的办法。

人生的路，各有各的风景，各有各的收获。选择了一条，就要舍弃另一条，既然如此，在势必要作出舍弃选择的我们，犹豫不定不是一种多余么？当然，我们需要衡量优劣，但是未来的事是不确定的，既然选择了一条路，就应当勇往直前地走下去。事情往往会因为我们作出的牺牲而给以回报。

第二次世界大战的硝烟刚刚散尽时，以美、英、法为首的战胜国首脑们几经磋商，决定在美国纽约成立一个协调处理世界事务的联合国。一切准备就绪之后，大家才蓦然发现，这个全球至高无上、最权威的世界性组织，竟没有自己的立足之地。想买一块地皮，刚刚成立的联合国机构还身无分文；让世界各国筹资，牌子刚刚挂起，就要向世界各国搞经济摊派，负面影响太大。况且刚刚经历了第二次世界大战的浩劫，各国政府都财库空虚，许多国家财政赤字居高不下，要在寸土寸金的纽约筹资买下一块地皮，并不是一件容易的事情。联合国对此一筹莫展。

听到这一消息后，美国著名的家族财团洛克菲勒家族经商议，果断出资870万美元，在纽约买下一块地皮，将这块地皮无条件地赠予了这个刚刚挂牌的国际性组织——联合国。同时，洛克菲勒家族亦将毗连这块地皮的大面积地皮全部买下。对洛克菲勒家族的这一出人意料之举，当时许多美国大财团都吃惊不已。870万美元，对于战后经济萎靡的美国和全世界，都是一笔不小的数目，而洛克菲勒家族却将它拱手赠出，并且什么条件也没有。这条消息传出后，美国许多财团主和地产商纷纷嘲笑说："这简直是蠢人之举！"并纷纷断言："这样经营不出10年，著名的洛克菲勒家族财团，便会沦落为著名的洛克菲勒家族贫民集团！"但出人意料的是，联合国大楼刚刚建成完工，毗邻地价便立刻飙升起来，相当于捐赠款数十倍、近百倍的巨额财富源源不尽地涌进了洛克菲勒家族财团。这种结局，令那些曾经讥讽和嘲笑过洛克菲勒家族捐赠之举的财团和商人们目瞪口呆。

事实证明，这无疑是一个非常英明的决策。可当初多数人都认为这属于白痴行为，因为洛克菲勒家族因此亏损了870万美元。可是没有舍，哪里有得呢？

做出改变，是一件极需要勇气的事情。我们在一个领域小有成就，可能由于某种原因，需要更换一个地方，这种改变更是让人难以接受。因为我们原来已经有收获了，而改变自己，走另一条路并不知道能不能得到保障，如果新路没走好，以前该有的收获也没有得到，岂不偷鸡不成蚀把米！

阜康钱庄的于老板过世之前，将自己的钱庄托付给了胡雪岩。为于老板守孝三个月后，胡雪岩正式接手了钱庄的生意。此时，他早就已经有了做别的买卖的打算，只是一时之间不知道该从何下手。

19世纪50年代，清王朝的生意一共有八种：粮、油、丝、茶、盐、铁、当铺和钱庄。杭州是一个大城市，开当铺的可能性不大，因为这样的生意多是针对穷苦人的，而杭州的百姓虽然个个不是富翁，但是还不至于影响到生计。盐、铁两大行业，官府一直把得很严，不给私人发展的机会，相对之下，只有粮和丝的生意比较适合。

最初，胡雪岩看准了粮的买卖。当时，正是太平运动闹得最厉害的时期，清军与太平军两军对垒，谁的粮饷多，谁取胜的机会就大，所以，双方都在想办法收购粮食。胡雪岩正是从中看出了商机，才决定插手粮食买卖的。初期的投资，进行得还比较顺利，可是后来朝廷改变了"南粮北运"的策略，由官府直接在战场附近购入粮食，这就影响了胡雪岩的购粮大计。

王有龄得知了这个消息，赶紧前来安慰胡雪岩，让他放宽心。可是，当他到了胡家的时候，发现胡雪岩正在谋划转投生丝的生意，就赶紧说："不用沮丧，虽然利润有所减少，但并不是一点都赚不到的，相比从前，这已经是很好了。"胡雪岩听了，反而笑道："我没有因为利润的减少而沮丧，而是准备放弃粮的生意了。当一个领域的买卖遭到瓶颈的时候，不能死守着不放，而是应该大胆地放弃从前，重新开始。我现在只想把精力都放在生丝的投资上。"就这个决定，成为胡雪岩日后事业的基础。

哈佛名师约翰·艾勒斯先生说："并不是付出就能有回报，关键在于你选择了什么。选择什么，你就会得到什么，但是如果你什么都想选择，那么什么都不会选择你。"

有舍才有得。如果站在十字路口前，徘徊不前、犹豫不决，因为都想得到,所以思来想去、想来思去也做不出选择,这样那条路上的风景都得不到。诚如爱迪生所说:"没有放弃就没有选择,没有选择就没有发展。"

适合自己的才是最好的

有两只老虎,一只在笼子里,一只在野地里。在笼子里的老虎三餐无忧,在外面的老虎自由自在。笼子里的老虎总是羡慕外面老虎的自由,外面的老虎却羡慕笼子里老虎的安逸。一日,一只老虎对另一只老虎说:"我们换一换吧。"出于同样的心理,另一只老虎同意了。于是,笼子里的老虎走向了大自然,野地里的老虎走进了笼子。但不久,两只老虎都死了。一只是忧郁而死,一只是因为饥饿而死。

很多时候,我们就像故事中的老虎一样,往往对别人的幸福和成功羡慕不已,而对自己所处的状况熟视无睹。别人认为好的东西或许根本就不适合我们,就好比吃菜,有的人口味重点喜欢辣的咸的,而口味清淡的人对此就有点难以接受了。因此我们应该明白:别人的工作和生活方式看起来很好,但或许那只属于别人,他的工作方式和生活方式不一定适合我们自己。我们要有属于我们自己的选择。

选择好适合自己人生的奋斗方向才是最好的。看到别人在自己的领域内取得成功而心生羡慕,不辨情形就盲目地一头扎进去，这样做只会让自己因迷惑而力不从心。

　　李辉初到南方时，曾为找工作奔波忙碌了好长一段时间。起初他见几个跑业务的朋友业绩不俗，赚了不少钱，学中文专业的他便找了家公司做业务员，然而辛辛苦苦跑了几个月，不但没赚到钱，人倒瘦了十几斤。朋友们分析说："你能力不比我们差，但你的性格内向、言语木讷、不善交际，因此不太适合跑业务……"后来李辉见一位在工厂做生产管理的朋友薪水高、待遇好，便动了心，费尽心力谋到了一份生产主管的职位，可是没做多久他就因管理不善而引咎辞职。之后，李辉又做过公司的会计、餐厅经理等，最终出于各种原因被迫离职跳槽。最后，李辉痛定思痛，吸取了前几次的教训，不再盲目追逐高薪或舒适的职位，而是依据自己的爱好和特长，凭借自己的中文系本科学历和深厚的文字功底，应聘到一家刊物做了文字编辑。这份工作相比以前的职位，虽然薪水不高，工作量也大，但李辉做得非常开心，工作起来得心应手。几个月下来，他就以自己突出的能力和表现令领导刮目相看，器重有加。回顾以往的工作历程，李辉深有感触地说："无论是工作，还是生活，我们都应当找到适合自己的生活方式。一味地追逐高薪、舒适的工作，曾让我吃尽了苦头，走了不少弯路。事实上，我们无论做什么事都应结合自身条件，依据自己的爱好和特长去选择相应的事来做。放弃那些不适合自己的生活，我们的生活才会快乐。"

　　人生的路有千万条，每个人都有自己的路走。别人的成功之道不一定适合自己，削足适履的行为不是智者应该做的。对任何美好事物，我们决不能盲目追求，要记住适合自己的才是最好的。

选择并非越多越好

有时候多选择并不是一件好事，这反而会让我们在人生的"米"字路口徘徊不定，不知道哪条路上的风景更好。我们是不是有过这样的感觉：自己有了一台电脑，什么影视节目都可以看到，但还是电视上的节目更能吸引我们；而看电视也是如此，以前十几个台看得津津有味，现在五六十个台了，反而觉得没以前那么有意思了。

美国哥伦比亚大学与斯坦福大学曾共同进行了一项研究，研究表明：选项愈多反而可能造成负面结果。而并不是像人们通常所认为的：选择愈多愈好。

研究人员曾经做了一个这样的实验：一组被试在只有6种口味的巧克力中选择自己想买的，而另外一组被试则在拥有30种口味的巧克力中作出自己的选择。结果，后一组中有更多人感到所选的巧克力不大好吃，对自己的选择有点后悔。另一个实验是在加州斯坦福大学附近的一个以食品种类繁多闻名的超市中进行的：工作人员在超市里设置了两个摊位，一个有6种口味，另一个有24种口味。结果显示有24种口味的摊位吸引的顾客较多：242位经过的客人中，60%会停下试吃；而260个经过6种口味的摊位的客人中，停下试吃的只有40%。不过最终的结果却是出乎意料：在有6种口味的摊位前停下的顾客30%都至少买了一瓶果酱，而在有24种口味摊位前的试吃者中只有3%的人购买。

选择太多反而可能造成负面结果。简化选项反而可能会让我们变得神清目朗，更加坚定自己的目标，激发更强大的信心。

楚汉争霸的战争中，汉军大将韩信和张耳率领人马，想要东下取道井陉（井陉县位于河北省西陲，太行山东麓）攻击赵国。赵王、成安君陈余听说汉军来袭，在井陉口聚集兵力，严阵以待，号称二十万大军。广武君李左车向成安君献计说："听说汉将韩信渡过西河，俘虏魏王豹，生擒夏说，近来又在阏与（今山西沁县册村镇乌苏村）鏖战喋血。现在又以张耳作为辅将，计议攻下赵国，这是乘胜利的锐气离开本国远征，其锋芒锐不可当。可是，我听说千里运送粮饷，士兵们就会因粮食不继而面带饥色，临时砍柴割草烧火做饭，军队就不能经常吃饱。眼下井陉这条道路，两辆战车不能并行，骑兵不能排成行列，汉军行进的队伍绵延数百里，运粮食的队伍势必远远地落到后边。希望足下您拨给我奇兵三万人，从隐蔽小路拦截他们的辎重，而足下您则深挖战壕，高筑营垒，坚壁清野，不与交战。这种情势下，汉军向前不得战斗，向后无法退还。此时我出奇兵截断他们的后路，使他们在荒野什么东西也抢掠不到，用不了十天，二将的人头就可送到将军帐下。希望您仔细考虑我的计策。否则，我们一定会被韩信、张耳俘虏。"成安君是一个信奉儒家学说的刻板书生，经常宣称正义的军队不用阴谋诡计,对李左车说:"我听说兵书上讲,兵力十倍于敌人,就可以包围它,超过敌人一倍就可以交战。现在韩信的军队号称数万,实际上不过数千。竟然跋涉千里来袭击我们,想必已经到了极限。若如你所说,采取回避不出击的计策,等到汉军强大的后续部队赶来支援,那时我们又怎么对付呢?而其他诸侯们也会认为我胆小,就会轻易地来攻打我们。"于是没有采纳广武君的计谋。

　　韩信派人暗中打探,了解到没有采纳广武君的计谋,韩信大喜,于是领兵前进。在离井陉口还有三十里处,停下安营扎寨。

待半夜时，传令进军。韩信挑选了两千名轻装骑兵，每人手持一面红旗，从隐蔽小道上山，在山上隐蔽着观察赵国的军队。韩信告诫说："交战时，赵军见我军败逃，一定会倾巢出动前来追赶我军，这时候你们火速冲进赵军的营垒，拔掉赵军的旗帜，竖起汉军的红旗。"又让副将传达开饭的命令，说："今天击败赵军后正式会餐。"将领们都不相信，只佯装允诺。韩信对手下军官说："赵军已先占据了有利地形，趁地利坚壁清野。他们不看到我们大将的旗帜是不会攻击我军先头部队的，是怕我们遇到险阻的地方退回去。"于是韩信派出万人作为先头部队出发，背靠河岸排兵布阵。赵军远远望见，大笑不止。天刚蒙蒙亮，韩信竖起大将的旗帜，擂鼓行军，出井陉口。见大将旗帜，赵军果然打开营垒攻击汉军，激战持续很长时间。这时，韩信、张耳假装抛旗弃鼓，逃回河边的阵地。河边阵地的部队打开营门放他们进去。然后再和赵军激战。赵军果然倾巢出动，争夺汉军的旗鼓，追逐韩信、张耳。韩信、张耳已进入河边阵地，全军殊死奋战，赵军一时无法取胜。此时韩信预先派出去的两千轻骑兵，趁赵军倾巢出动的时候，火速冲进赵军空虚的营垒，把赵军的旗帜全部拔掉，竖立起汉军的两千面红旗。此时的赵军既不能取胜，又不能俘获韩信等人，想要退回营垒，见营垒插满了汉军的红旗，大为震惊，以为汉军已经全部俘获了赵王的将领，于是军队大乱，纷纷落荒潜逃，即使有赵将诛杀逃兵，也不能制止颓势。于是汉兵前后夹击，彻底摧垮了赵军，俘虏了大批人马，并在泜水岸边生擒了赵王。

在开庆功宴的时候,将领们问韩信:"兵法上说,列阵可以背靠山,前面可以临水泽,现在您让我们背靠水排阵,还说打败赵军再饱饱地吃一顿,我们当时不相信,然而我们确确实实取胜了,这是一种什么策略呢?"韩信笑着回答说:"这也是兵法上有的,只是你们没有注意到罢了。兵法上不是说'陷之死地而后生,置之亡地而后存'吗?如果是有退路的地方,士兵都逃散了,怎么能让他们拼命呢!"

把军队排布在河岸,这意味着要么就是胜利,要么就是死亡。韩信让他的将士们明白他们别无选择,只有奋勇杀敌才是唯一的出路,因此才取得了这场战争的胜利。历史上多有这样的考虑,如破釜沉舟、穷寇莫追、狗急跳墙等。

有太多的选项并不一定就是好事,因为这容易让人游移不定,拿不定主意。所以当我们面对多个选项犹豫不决并为此感到烦恼时,我们应当作到将选项尽量简化,权衡后再作出选择,如此就不必因为选择桃子而错过李子的决定而后悔了。

甚至有时候,让自己没有选择反而会是一个很好的选择!

不舍得成本,就没有收益

人大多贪心,大家都希望能通过最小的投入换得最大的回报,甚至干脆是"空手套白狼",一点投入也不付出才叫便宜,可世界上绝对没有不付出成本就能获得丰厚回报的事情。也许我们当中不少人反驳说，也有一穷二白的人获得了巨大成功。这是我们混淆了"空手套白狼"和"白手起家"，白手起家的人付出的成本不是资金等具体实物，而是可以转换的成功的其他资本，如智慧、勤劳、毅力，等等。

不要妄想自己舒服地躺着什么也不干，成功还会找上门，没有付出就没有回报，这是大家都知道的。但大家又都心存侥幸，总想不劳而获，事情的败毁多在于此。

陶朱公原名范蠡，他帮助越王勾践打败吴王夫差以后，急流勇退，转为经商。他谋划治国治军的功夫着实厉害，经商赚钱的本事也不差，成为举国首屈一指的大富翁。

陶朱公的二儿子因杀人被囚禁在楚国。陶朱公想用重金赎回二儿子的性命，于是决定派小儿子带着许多钱财去楚国办理这件事。长子听说后，坚决要求父亲派自己去，说："我是长子，现在二弟有难，父亲不派我去反而派弟弟去，这不是说明我不孝顺吗？"陶朱公的夫人也说："现在你派小儿子去，还不知道能不能救活老二，不如派长子去吧！"陶朱公不得已就派长子去办这件事，并写了一封信让他带给以前的好友庄生，交代说："你到了之后就把钱给庄生，一切听从他的安排。"

长子到楚国后，按照父亲的嘱咐把钱和信交给了庄生。他发现庄生家徒四壁，院内杂草丛生。庄生看了信之后对他说："你先回去，即使你弟弟出来了，也不要问其中的原委。"但长子告别后并未回家，心想把这么多钱给他，如果二弟不能出来，那不吃大亏了？庄生虽然穷困，但却非常廉直，楚国上下都很尊敬他。他并不想接受陶朱公的贿赂，只准备在事成之后再还给他。陶朱公长子不知原委，以为庄生无足轻重。

第二天上朝时，庄生向楚王进谏，说某某星宿相犯，这对楚国不利，只有广施恩德才能消灾。楚王听了庄生的建议，命人封存府库，实行大赦。陶朱公长子听说马上要大赦，心想弟弟一定会出狱，那么给庄生的金银就白费了，于是又去见庄生要回了钱财。庄生被他这种行为激怒了，又进宫向楚王说："我以前说过星宿相犯之事，大王准备修德回报。现在我听说陶朱公的儿子在楚杀人被囚，他家里拿了很多钱财贿赂大王左右的人，所以大王并不是为体恤社稷而大赦，而是由于陶朱公儿子的缘故才大赦啊！"闻言后，楚王于是下令先杀掉陶朱公的次子，然后再大赦。结果陶朱公的长子只取回了弟弟的尸骨。长子回家后，陶朱公说："我早就知道他一定会害了他弟弟的！他并非不爱弟弟，只是因为他年少时就与我一起谋生，所以看重钱财。而小儿子一出生就生活在富有的环境中，所以轻视钱财，挥金如土。我坚持要派小儿子去办这件事，就是因为他舍得花钱啊！"

事前不付出任何代价就想获得成功，事后的代价将会更惨痛。但现实也确实如此，不是付出就一定有回报，所以很多人都认为事前的付出都有可能成为损失。但是没有付出，就一定没有回报，不明白这点将是一生的损失。

成功是需要付出代价的，任何有质量的获得，都是通过有质量的付出实现的。轻易得到的东西，往往不能给我们带来真正预想的好处，感情是如此，生活中的快乐亦是如此。

有一个人守着一堆金子闷闷不乐。神看见了,问:"你为什么不高兴?"这人回答:"我觉得我的金子还不够多。"神说:"我可以满足你的愿望。"于是给了这人更多的金子。

过了几天,神见到这人还是闷闷不乐,问:"我已经满足了你的要求,你为什么还不高兴?"这人回答:"我觉得没有刺激。"神说:"那我满足你的愿望吧。"于是给了这人刺激。

过了几天,神见这人依然闷闷不乐,问:"你为什么还不高兴?"这人回答:"我没有快乐。"神说:"那我给你快乐吧。"

过了几天,神看到这人依旧闷闷不乐,问:"你怎么还不高兴啊?"这人回答:"因为我没有成就感。"神说:"那就再给你成就感吧。"

过了几天,神看到的还是闷闷不乐的他,就问:"你为什么仍然不高兴?"这人回答:"因为我没有爱。"神说,那我就让你拥有爱吧。

过了几天,神看到这人还是一副闷闷不乐垂头丧气的样子,就对他说:"试试把你拥有的这些东西送给别人吧。"

又过了几天,神再见到这人时,发现他身边什么都没有了,脸上却出现了难得的满足的笑容,便问他:"你为什么这么高兴?"

这人回答:"我把金子给了没有钱的人;把刺激给了麻木的人;把快乐给了忧伤的人;把成就给了失败的人;把爱给了缺少爱的人……尽管我一件件全部付出了,自己什么也没留下,但我感到非常满足。"

很多时候,你放弃了一些东西,同时就会获得另一些东西。如果我们死死地抓住手里的东西不肯放手,那么你最后可能反受其害。工作上的优势可能变成最大的劣势,自己最骄傲的东西可能变成最能制造麻烦的东西。

如果我们将付出看成是另一种方式的投资,也许你在很多事情上的选择就会更加理性和合理。

第九章 这十年，你要培养自己的好习惯

习惯影响一生

有专家指出,一个人的日常活动,90%已通过不断地重复某个动作,在潜意识中,转化为程序化的惯性,也就是不用思考,便自动运作。这种自动运作的力量,即习惯的力量。一个动作,一个行为,多次重复,就能进入人的潜意识,变成习惯性动作。人的知识积累和才能增长、极限突破,等等,都是习惯性动作、行为不断重复的结果。

在我们的身上,好习惯与坏习惯并存,我们要改变自己的命运,走向成功,最重要的在于改变不良的习惯,培养并凭借好习惯的力量去搏击风浪。

养成一个好习惯,会使人受益终生;而形成一个不好的习惯,则可能会在不经意间害了自己一生。其实不论是大事还是小事都是如此,小问题在某种程度上说,有时确实还没有导致大问题的形成,"千里之堤,溃于蚁穴",应是这个道理。

烦恼难断,而去除习气更难。坏的习惯使我们终生受患无穷。譬如,一个人脾气暴躁,出口伤人,习以为常,没有人缘,做事也就得不到帮助,成功的希望自然减少了。有的人养成吃喝嫖赌的恶习,倾家荡产、妻离子散,把幸福的人生断送在自己的手中。更有一些人招摇撞骗、背信弃义,结果虽然骗得一时的享受,但是却把自己孤立于众人之外,让大家对他失去了信任。

现在有些不良的青少年,虽然家境颇为富裕,但是却染上坏习惯，以偷窃为乐趣，进而做出杀人抢劫的恶事，不但伤害了别人，也毁了自己。

坏习惯如同麻醉药，在不知不觉中会腐蚀我们的心灵，蚕食我们的生命，毁灭我们的幸福，怎么能够不谨慎戒备！

习惯的形成会导致良性循环与恶性循环，好习惯多了自然形成良性循环；而坏习惯多了会渐渐形成恶性循环。

人的一生都受日常习惯的影响，好的习惯、积极的习惯，会造就一个人好的结局。

有些人过于在意那些优秀的强者表现出来的天赋、智商、魅力和工作热情，实际上我们把那些表现归纳分析，就会发现实际上存在一个简单的要点：那就是习惯。

无论我们是否愿意，习惯总是无孔不入，渗透在我们生活的方方面面。很少有人能够意识到，习惯的影响力竟如此之大。

人们日常活动的 90% 源自习惯和惯性。想想看，我们大多数的日常活动都只是习惯而已。我们几点钟起床，怎么洗澡、刷牙、穿衣、读报、吃早餐、驾车上班，等等，一天之内上演着几百种习惯。然而，习惯还并不仅仅是日常惯例那么简单，它的影响十分深远。如果不加控制，习惯将影响我们生活的所有方面。

小到啃指甲、挠头、握笔姿势以及双臂交叉等微不足道的事，大到一些关系到身体健康的事，比如，吃什么，吃多少，何时吃，运动项目是什么，锻炼时间长短，多久锻炼一次，等等。甚至我们与朋友交往，与家人和同事如何相处都是基于我们的习惯。再说得深一点，甚至连我们的性格都是习惯使然。既然习惯影响人的一生，我们就应该静下来思考一下，把自己身上的习惯进行归纳分类，发扬好的，抛弃坏的，使习惯成为我们成功路上的正力量。

让积极思考成为习惯力量

积极思考是现代成功学非常强调的一种智慧力量，如果做一件事不经过思考就去做，那肯定是鲁莽的，也是会撞墙的，除非是特别地幸运。但幸运并不是时时光顾的，所以，最保险的办法是三思而后行。但"思"也并不是件简单的事，思考也有它的特点和方法。成大事者都有自己良好的思考方法。

思考习惯一旦形成，就会产生巨大的力量，19世纪美国著名诗人及文艺批评家洛威尔曾经说过："真知灼见，首先来自多思善疑。"

爱因斯坦非常重视独立思考，他说："高等教育必须重视培养学生思考、探索的本领。人们解决世上所有问题用的是大脑的思维本领，而不是照搬书本的理论。"

正确的思考方法不是天生就有，它需要后天的训练和个人有意的培养。青年人只要努力，就会有所收获。

下面介绍几种思考方法，仅供参考：

1. 正确认识自己

西方有句话说："性格即命运。"意思是命运是掌握在每个人自己手中的，因此个人的性格与心态就关系到个人的人生命运。

我们怎样对待生活，生活就怎样对待我们，我们怎样对待别人，别人就怎样对待我们。如果我们把自己的境况归咎于他人或环境，就等于把自己的命运交给了冥冥之主。如果我们始终对自己说"我能行"，并积极行动，我们也许就无所不能。

2.专注——"成功的第一要素"

思考，是一件需要聚精会神的事情，也就是"专注"。

《成功》杂志庆祝创刊100周年时，编辑们节录了一些早期杂志中的优秀文章，其中有一篇关于爱迪生的访谈给读者们留下了十分深刻的印象，这篇访谈的作者奥多·瑞瑟在爱迪生的实验室外安营扎寨了3周，才获得了访问这位伟大发明家的机会。以下就是访谈的部分内容：

瑞瑟："成功的第一要素是什么？"

爱迪生："能够将你身体与心智的能量锲而不舍地运用在同一个问题上而不会厌倦的本领……可以说，我们每个人每天都做了不少的事。假如你早上7点起床，晚上11点睡觉，你就能做整整16个小时的工作，唯一的问题是，你们能做很多很多事，而我只能做一件。假如你们将这些时间运用在一个方向、一个目的上，你就会成功。"

由此可见，只有选准目标，并且专注于其上，才可能获得成功。专注就是把意识集中在某个特定的欲望上的行为，并一直集中到找到办法并付之实际行动为止。专注有两个重点：让你的头脑冷静下来；把握住现在。这也恰恰是一个成功者必备的素质之一。青年人要从这些成功人士的身上学习优秀的习惯与作风，从而为自己的事业增添成功的动力。

3. 构建合理的知识结构

青年人要明白这样的道理，什么事情都要有一个合理的结构，才能成立。这样的结构只有通过思考才能建立，反过来，只有合理的知识结构，才能促进你在事业中更好的思考。所以，青年人要成大事，就要有自己的知识结构，从而使知识化为成功的动力。

知识结构具有全球普遍价值和意义。任何民族、任何国家都有自己独特的知识结构，而且，任何巨星、任何伟人、任何大师，甚至每一个人都有自己独特的知识结构。知识结构是一个人、一个民族、一个国家进行伟大的创新、创造的基础，是人类文明巨厦的基石。就个人而言，知识结构更是其创造的支柱，是成功的保障。

经验丰富的菜农，懂得在同一块园田中种植黄瓜、辣椒和茄子。它们都把自己的根伸到土壤中吸收各自所需的营养，但各自吸收营养成分不同。正是因为他们思考过这个问题，所以不同的植物才能结出同样丰硕的果实来。植物的成长过程和结果是如此，知识结构的建立和形成也很相似。人们在知识海洋中吸取营养也是紧紧围绕着自己所从事的事业目标。凡是与自己创造目标关系极为密切的，或关系比较大的知识要统统吸收；而无关的知识，就应该果断地放弃，以免浪费了有限的时间。

在知识经济的背景下，具有合理知识结构和应用本领并积极思考的人，将成为时代的主人，而这一切都来源于强大的学习思考本领。这是未来社会对人才的基本要求，在未来社会每个人都必须做到"无所不能"。在这个信息纷繁复杂、科技日新月异的时代里，青年人如果没有高超的学习及思考的本领，没有及时学习新的理论、技能，不能及时更新观念，结果必然是被淘汰出局。

"行成于思"，没有思考就不会有行动，当然就不会有成功。

微笑是最好的习惯

史密斯是韩国一家小有名气的公司总裁，十分年轻。他几乎具备了成功男人应该具备的所有优点：他有明确的人生目标，有不断克服困难、超越自己和别人的毅力与信心；他大步流星、雷厉风行，办事干脆利索、从不拖沓；他的嗓音深沉圆润，讲话切中要害；而且他总是显得雄心勃勃，富有朝气。他对于生活的认真与投入是有口皆碑的，而且，他对待同事们也很真诚，讲求公平对待，与他深交的人都为拥有这样一个好朋友而自豪。

但初次见到他的人却对他少有好感，这令熟知他的人大为吃惊。为什么呢？仔细观察后才发现，原来他几乎没有笑容。

他深沉严峻的脸上永远是炯炯的目光、紧闭的嘴唇和紧咬的牙关，即便在轻松的社交场合也是如此。他在舞池中优美的舞姿几乎令所有的女士心动，但却很少有人同他跳舞。公司的女员工见了他更是畏如虎豹，男员工对他的支持与认同也不是很多。而事实上他只是缺少了一样东西，一样足以致命的东西——一副动人的微笑的面孔。

一个人的面部表情亲切、温和、充满喜气，远比他穿着一套高档、华丽的衣服更吸引人注意，也更容易受人欢迎。

现实的工作、生活中，一个人对你满面冰霜、横眉冷对，另一个人对你面带笑容、温暖如春，他们同时向你请教一个工作上的问题，你更欢迎哪一个？当然是后者，你会毫不犹豫地对他知无不言，言无不尽，问一答十；而对前者，恐怕就恰恰相反了。

下面的这个例子就充分体现了微笑的力量。

"我为了替公司找一个电脑博士几乎伤透脑筋，最后我找到一个非常好的人选，刚刚从名牌大学毕业。几次电话交谈后，我知道还有几家公司也希望他去，而且都比我的公司大，比我的公司有名。当他表示接受这份工作时，我真的是非常高兴也非常意外。他开始上班后，我问他，为什么放弃其他更优厚的条件而选择我们公司？他停了一下，然后说：'我想是因为其他公司的经理在电话里是冷冰冰的，商业味很重，那使我觉得好像只是一次生意上的往来而已。但你的声音，听起来似乎真的希望我能成为你们公司的一员。因为我似乎看到，电话的那一边，你正在微笑着与我交谈。你可以相信，我在听电话的时候也是笑着的。'"

说话的是史密斯公司的总经理。

的确，如果说行动比语言更具有力量，那么微笑就是无声的行动，它所表示的是：我很满意你、你使我快乐、我很高兴见到你。"笑容是结束说话的最佳'句号'。"这话真是不假。

对人微笑是一种文明的表现，它显示出一种力量、涵养和暗示。一个刚刚学会微笑的中年领导干部说："自从我开始坚持对同事微笑之后，起初大家非常迷惑、惊异，后来就是欣喜、赞许，两个月来，我得到的快乐比过去一年中得到的满足感与成就感还要多。现在，我已养成了微笑的习惯，而且我发现人人都对我微笑，过去冷若冰霜的人，现在也热情友好起来。上周单位搞民主评议，我几乎获得了全票，这是我参加工作这么多年来从未有过的大喜事！"

　　有微笑面孔的人，就会有希望。因为一个人的笑容就是他好意的信使，他的笑容可以照亮所有看到它的人。没有人喜欢帮助那些整天皱着眉头、愁容满面的人，更不会信任他们。而对于那些承受着上司、同事、客户或家庭的压力的人，一个笑容却能帮助他们了解一切都是有希望的，也就是世界是有欢乐的。只要活着、忙着、工作着，就不能不微笑。

跳出你的习惯

　　旧的习惯被破除，新的习惯又在产生，只是我们深信："创新是创新者的通行证，习惯是习惯者的墓志铭。"

　　习惯是一种思维定式，习惯是一种行动的本能。我们习惯在早已习惯的轨道上滑行，我们习惯在习惯的人与事中穿梭。这种轻车熟路的感觉让人安逸舒适，这种美好愉悦的心境让人一路上看到的净是良辰美景。

　　我们不想改变，因为我们曾经成功过；我们不想改变，因为我们曾经受益于这些宝贵的经验。我们在习惯中自我陶醉，在习惯中慢慢老去……

　　但有一天，当掌声越来越稀少、鲜花越来越暗淡，在行走的道路上出现了不可逾越的高墙时，你才蓦然发现，你曾经的骄傲早已荡然无存。

曾经的经验变成了桎梏，昔日的模式已经过时。检讨自己，你会发现很多的失误源自你的习惯、你的固守。

我们曾经习惯用狂轰滥炸的广告打开市场销路，习惯在酒桌上赢得订单，习惯个人英雄主义式的决策与决断，习惯身先士卒，事无巨细的工作作风……不可否认的是，这些习惯并没有妨碍你的企业的成长。但是，当这些习惯不再与社会的发展产生共振，当这些习惯越来越成为你的企业发展的"肠梗阻"时，你必须跳出你的习惯，避免在一条道上走到黑的困境和尴尬。

尽管改变我们的习惯有困难甚至是痛苦，你也别再为自己的习惯堆砌无数的理由和美妙的词句。因为，在习惯与创新的碰撞面前，你别无选择。

别踏着别人的脚印走

生活中很多人会告诉你，做事要有恒心，要有韧劲，这没错。但是，很多时候你会因此而固执己见，不知不觉中，一条道儿走到黑。事实上，坚持一个方向走到底是不太现实的，就像你开车，不可能总是方向不变，而是需要不时地调整方向。有时候，环境变化得太厉害，你不得不另辟新路，不然，你一定会栽跟头。

美国人布曼和巴克先生同在一家广告公司工作，负责调查业务。由于不愿长期寄人篱下，他们俩商量自己做老板，开一家饮食店，专营汉堡包。

当时出售汉堡包的商店鳞次栉比，竞争激烈，如何才能在竞争中立于不败之地呢？他们开始做市场调查，结果发现，大多数饮食店为争取顾客，均争相出售大型汉堡包。而美国人近年流行减肥和健美，一些怕肥胖的人不敢多吃，常常将吃剩的汉堡包扔掉，造成极大的浪费。一些店想通过制作多种口味的面包来争取顾客，效果也不理想。

于是，布曼和巴克决定改变汉堡包的规格来赢得顾客，结果他们一举成功。原来他们生产的汉堡包，体积仅有其他大汉堡包的1/6，称之为迷你型汉堡包。这种汉堡包适应了人们少吃减肥的需要，一时成为热销食品，使他们二人获得丰厚的利润，5年后，饮食店已扩展为饮食公司，有10家分店。

踏在别人的脚印里走，你永远都不会走快、走远，因而失败的人应该多多思考，走出旧框框，创出新特点。

美国纽约国际银行在刚开张之时，为迅速打开知名度，曾做过这样的广告：

一天晚上，全纽约的广播电台正在播放节目，突然间，全市的所有广播都在同一时刻向听众播放一则通知：听众朋友，从现在开始，播放的是由本市国际银行向你提供的沉默时间。紧接着，整个纽约市的电台就同时中断了10秒钟，不播放任何节目。一时间，纽约市民对这个莫名其妙的10秒钟议论纷纷，于是"沉默时间"成了全纽约市民最热门的话题，国际银行的知名度迅速提高，很快家喻户晓。

国际银行的广告策略的巧妙之处在于，它一反一般广告手法，没有在广告中播放任何信息，而以全市电台在同一时刻的10秒"沉默"，引起了市民的好奇心理，从而在不知不觉中使国际银行的名字人人皆知，达到了出奇制胜的效果。

习惯能成就一个人，也能毁灭一个人

成功者之所以成功，不是因为他们有着多么高的天赋和超常的才能，而是因为他们有着良好的习惯，并善于用良好的习惯来提高自己的工作效率，进而提高自己的生活品质。他们发现，好习惯能改变命运，使自己过上充实的生活；好习惯能使身心健康，邻里和睦，家庭幸福美满。这一切都来源于好习惯的力量。

一家大图书馆被烧之后，只有一本书被保存了下来，但并不是一本很有价值的书。一个识得几个字的穷人用几个铜板买下了这本书。这本书并不怎么有趣，但这里面却有一个非常有趣的东西，那是窄窄的一条羊皮纸，上面写着"点金石"的秘密。

点金石是一块小小的石子，它能将任何一种普通金属变成纯金。羊皮纸上的文字解释说，点金石就在黑海的海滩上，和成千上万的与它看起来一模一样的小石子混在一起，但秘密就在这儿。真正的点金石摸上去很温暖，而普通的石子摸上去是冰凉的。然后，这个人变卖了他为数不多的财产，买了一些简单的装备，在海边扎起帐篷，开始检验那些石子。这就是他的计划。

他知道，捡起一块普通的石子并且因为它摸上去冰凉就将其扔掉，他有可能几百次地捡拾起同一种石子。所以，当他摸着石子冰凉的时候，就将它扔进大海里。他这样干了一整天，却没有捡到一块是点金石的石子。然后他又这样干了1个星期、1个月、1年、3年……他还是没有找到点金石。然而他继续这样干下去，捡起一块石子，是凉的，将它扔进海里，又去捡起另一块，还是凉的，再把它扔进海里，又一块……

但是有一天上午他捡起了一块石子，而且这块石子是温暖的……他把它随手就扔进了海里。他已经形成了一种习惯——把他捡到的石子扔进海里。他已经如此习惯于做扔石子的动作，以至于当他真正想要的那一个到来时，他也还是将其扔进了海里。

习惯是一种顽强的力量，它可以主宰人的一生。因此，我们每个人都要养成良好的习惯，无论从学习到工作，从为人到处事，在我们生活的各个方面，如果养成良好的习惯，你就会受益终生。或许你习惯了懒懒散散、心灰意冷地过日子，或许你对抽烟、酗酒、拖延、懒惰等坏习惯熟视无睹，那么你就不要再慨叹生活对你的不公，你就不要说梦想很难实现，更不要说你的经历都很倒霉。归根到底这一切都是你的坏习惯在作祟。如果你永远抱着这种坏习惯不放，却还在想着成功，那真是难于上青天。

第十章 这十年，你要让内心变得强大

"能不能"在于你"信不信"

信仰使人拥有力量，信仰也使人失去力量。

很多事情出现在我们面前，表现出一副高不可攀的模样，其实并不是我们力不能及的。有时候能不能做到，也就是一念之间的事情。不相信能做到，那么也只有被它嘲弄懦弱无能的份；而你相信能做到的话，问题就会迎刃而解。

1796年的德国哥廷根大学，有一个很有数学天赋的19岁青年在此攻读数学，每天他都会单独受到导师的特别照顾——计划外的3道数学题。一天，这位青年用过晚饭，开始做导师单独布置给他的那3道数学题。前两道题做起来稍显轻松，他在两个小时内就顺利完成了。但是第三题却让他感到很是棘手，第三道题被写在另一张小纸条上：要求只用圆规和一把没有刻度的直尺，画出一个正17边形。他感到非常吃力，时间一分一秒地过去了，第三道题竟然毫无进展，找不到一点解题的头绪。这位青年绞尽脑汁，但遗憾的是，他发现自己学过的所有数学知识似乎对解开这道题都没有任何帮助。他没有退缩，困难反而激起了他的斗志。他发誓一定要把它做出来！他拿起圆规和直尺，一边思索一边在纸上画着，尝试着用一些超常规的思路去寻求答案。当窗口露出曙光时，青年长舒了一口气，他终于完成了这道难题。

见到导师，这位青年有些内疚和自责。他对导师说："您给我布置的第三道题,我竟然做了整整一个晚上才把它解出来,我辜负了您对我的期望和栽培……"导师接过青年的答题一看,当即惊呆了。他用因兴奋不已而颤抖的声音对青年说:"这是你自己做出来的吗?"青年有些疑惑地看着导师,回答道:"是我做的。但是,它花费了我整整一个晚上。"导师请他坐下,取出圆规和直尺,在书桌上铺开纸,让他当着自己的面再做一个正17边形。轻车熟路的青年这回很快就做好了一个正17边形。导师

激动地对他说:"你知不知道,你解开了一桩有2000多年历史的数学难题!阿基米德没有解决,牛顿也没有解决,你竟然一个晚上就解出来了。你是一个真正的天才!"原来,导师也一直想解开这道难题。那天,他是因为失误,才将写有这道题目的纸条交给了这位青年。歪打正着,这位导师还给对了人,这道悬了2000多年的数学难题也就从此解决了。每当这位青年回忆起这一幕时,总是说:"如果当时有人告诉我,这是一道有2000多年历史的数学难题,我可能永远也没有信心将它解出来。"

这位青年就是数学王子高斯。

"如果当时有人告诉我,这是一道有2000多年历史的数学难题,我可能永远也没有信心将它解出来",但事实证明,高斯是有能力完成这道数学难题的解答的。如果19岁的高斯一开始就知道并产生这样一个意识:阿基米德、牛顿都没有解决的问题,自己肯定更解答不出来。那么这道难题的破解兴许会被延后。高斯一开始的态度是相信自己一定能解答出来,是的,因为相信,才有可能做到。

有一次,拿破仑·希尔问PMA成功之道训练班上的学员:"你们有多少人觉得我们可以在30年内废除所有的监狱?"学员们显得很困惑,怀疑自己听错了。一阵沉默过后,拿破仑·希尔又重复一次:"你们有多少人觉得我们可以在30年内废除所有的监狱?"确信拿破仑·希尔不是在开玩笑后,马上有人出来反驳:"你的意思是要把那些杀人犯、抢劫犯以及强奸犯全部释放吗?你知道这会造成什么后果吗?那样我们就别想得到安宁了。

不管怎样,一定要有监狱。""社会秩序将会被破坏。""某人生来就是坏坯子。""如有可能,还需要更多的监狱。"

拿破仑·希尔接着说:"你们说了各种不能废除的理由。现在,我们来试着相信可以废除监狱。假设可以废除,我们该如何着手。"大家勉强把它当成试验,安静了一会儿,才有人犹豫地说:"成立更多的青年活动中心可以减少犯罪事件的发生。"不久,这群在10分钟以前坚持反对意见的人,开始热心地参与讨论。"要清除贫穷,大部分的犯罪都源于低收入","要能辨认、疏导有犯罪倾向的人","借手术方法来治疗某些罪犯"……总共提出了18种构想。

把不能做到变成相信能做到,就会有意想不到的收获。

给自己一个自信的理由

自信是心灵的振奋剂,对我们来说是非常重要的一个品质。万物有长有消,我们不可能让自己的心灵永远保持振奋状态,心灵的振奋会随时间的流逝而渐渐消退。因此这时候,我们就有必要重新找找信心,为自己的心灵打上一针振奋剂。

狄青是北宋仁宗朝的一员大将,在一次平定叛乱的战役中,就上演了一场给临战的众将士"打针"的好戏。狄青十六岁代兄受过而充军,开始了他的行伍生涯。由于俊秀的脸庞不能够震慑住敌人,所以狄青每次出战都披头散发,戴着铜面具(北齐兰陵王高长恭也有过类似的经历)。狄青作战勇猛,所向披靡,人称"面涅将军"。

1052年,广西少数民族首领侬智高起兵反宋,自称仁惠皇帝,四处招兵买马,攻城略地,一直打到广东。宋朝统治者十分恐慌,几次派兵征讨,均损兵折将,大败而归。就在举国骚动,满朝文武惶然无措之际,仅做了不到三个月枢密副使的狄青,自告奋勇,上表请行。宋仁宗十分高兴,任命他为宣徽南院使,宣抚荆湖南北路,经制盗贼事,并亲自在垂拱殿为狄青设宴饯行。

当时,宋军连吃败阵,军心动摇。为了鼓舞士气,让将士们重新找回必胜的信心,受命危难间的狄青下了一招妙棋。双手捧着一百枚铜钱的狄青跪在地上,向上天祷告:"这次出兵,胜败难料,请允许我手拿百枚铜钱向您请愿。如果这次能够大胜而回,就让这些即将掷出去的铜钱,全部正面朝上。"左右将领听完面面相觑,这种事情出现的机会太渺茫了,如果不能全部正面朝上,会严重影响军心,于是就有人上去劝说。但狄青浑然没听见一般,把铜钱往地上一洒,诡异的事情出现了,所有铜钱全部正面朝上。全体将士顿时欢声震动,一个个神色喜悦。接着狄青让人拿来一百支铁钉,将铜钱全部钉在地上,然后用青纱覆盖在上面,一切准备妥当之后,狄青向众将士说道:"等到凯旋之时,再来答谢神明取回铜钱。"然后命令军队就此出发。

经过众将士的浴血奋战,很快平定了叛乱,在班师回朝经过旧地时,按照先前的约定,答谢神明取回铜钱。这时左右将士才得知事情的真相,原来那一百枚铜钱的两面都是正面。人问其故,狄青回答说:此去水恶山险,况且将士们因为之前的败仗导致士气低落,所以我就用了这么一个方法帮众将士找回信心。有了信心,将士们打起仗来自然个个奋勇向前。左右将领听后无不佩服狄青的足智多谋。

一个军队最重要的素质就是士气,哪方有士气,哪方的士气高,战争的最终胜利就属于哪方,必胜的信心就是士气的源头。人生也是如此,只要我们充满自信,鼓足士气,成功就会离我们不远。因此为了成功,即使我们身份卑微也不能自卑,我们要给自己一个相信自己的理由。

感谢折磨你的人就是感恩命运

20多岁以后,面对人生中各种各样的不顺心事,你要保持感谢的态度,因为有折磨才能使你不断地成长。法国启蒙思想家伏尔泰说:"人生布满了荆棘,我们知道的唯一办法是从那些荆棘上面迅速踏过。"人生是不平坦的,但同时也说明生命正需要磨炼,"燧石受到的敲打越厉害,发出的光就越灿烂。"正是这种敲打才使它发出光来,因此,燧石需要感谢那些敲打的人。人也一样,感谢折磨你的人,你就是在感恩命运。

美国独立企业联盟主席杰克·弗雷斯从13岁起就开始在他父母的加油站工作。弗雷斯想学修车,但他父亲让他在前台接待顾客。当有汽车开进来时,弗雷斯必须在车子停稳前就站到司机门前,然后去检查油量、蓄电池、传动带、胶皮管和水箱。

弗雷斯注意到,如果他干得好的话,顾客大多还会再来。于是弗雷斯总是多干一些,帮助顾客擦去车身、挡风玻璃和车灯上的污渍。有一段时间,每周都有一位老太太开着车来清洗和打蜡。这个车的车内踏板凹陷得很深,很难打扫,而且这位老太太很难打交道。每次当弗雷斯给她把车清洗好后,她都要再仔细检查一遍,让弗雷斯重新打扫,直到清除掉每一缕棉绒和灰尘,她才满意。

终于有一次,弗雷斯忍无可忍,不愿意再侍候她了。他的父亲告诫他说:"孩子,记住,这就是你的工作!不管顾客说什么或做什么,你都要记住做好你的工作,并以应有的礼貌去对待顾客。"

父亲的话让弗雷斯深受震动,许多年以后他仍不能忘记。弗雷斯说:"正是在加油站的工作使我学到了严格的职业道德和应该如何对待顾客,这些东西在我以后的职业生涯中起到了非常重要的作用。"

其实,弗雷德的成功与他懂得感谢那些折磨自己的人有着莫大的关系。学会感谢折磨你的人,就是一个感恩命运的人,这样的人注定会与成功结缘。

法国文豪罗曼·罗兰曾说:"从远处看,人生的不幸折磨还很有诗意呢!一个人最怕庸庸碌碌地度过一生。"

的确,我们必须体验折磨的痛苦,感谢折磨我们的人,只有这样，我们才能体会到收获的喜悦。一个真正的成功者，始终能够心存感激，因为他明白：感谢折磨自己的人，就是在感恩命运。

咀嚼苦难这块糖

人生不可能总是一帆风顺的，人的一生，多有可喜之事，亦多有可悲之事。"人有悲欢离合，月有阴晴圆缺，此事古难全。"人的一生，福祸相依，困难与挫折是免不了的。既然我们对它避无可避，那我们就试着去接纳它。卡耐基说："我们若已接受最坏的，就再没有什么损失。"的确如此，如果我们坦然接受了苦难与挫折，那苦难与挫折对我们来说就不再是损失，而是馈赠。

要做到坦然接受苦难与挫折是一件非常不容易的事情，如果我们也能用感激的心情去理解苦难与挫折，那么我们兴许就能看到它美丽的一面。

一位小男孩患有先天性心脏病，动过一次手术，因此他的胸前留下一道又深又长的伤口。有一次孩子在换衣服时，从镜子中看见这道疤痕，不禁害怕而又难过地哭了起来。小男孩想："我身上的伤口这么长！我想我永远不会好了。"小男孩的敏感早熟令他的妈妈感到十分心痛！心酸之余，这位妈妈解开自己的裤子，露出当年剖腹生产时留下的刀口给小男孩看。妈妈对小男孩说:"你看,妈妈身上也有一道这么长的伤口。因为以前你还在妈妈的肚子里的时候生病了,没有力气出来,幸好医生把妈妈的肚子剖开,才把你救了出来,不然的话你就会死在妈妈的肚子里面。所以妈妈一辈子都感谢这道伤口呢!同样的,你也要谢谢你的伤口,不然你的小心脏也会死掉,这样你就见不到妈妈了。"谢谢自己的伤口,妈妈的话让小男孩心头一震,当小男孩再次看着他胸前的伤疤时,他发现这道伤疤原来也很美丽,是这道伤疤给了他新的生命。

也许每一次大的苦难与挫折都像一道伤疤一样赫然地出现在我们的胸前,每一次的触碰都让我们骇然心惊、痛苦不已。但是我们也需要明确:没有体会过苦难与挫折带来的辛酸疼痛,我们也就不能深刻体会到成功后的甘甜喜悦。学会勇敢地面对它,那么我们心里边便不会有怨天尤人、愤愤不平的情绪,取而代之的是一颗淡然而又积极向上的心。

当我们好运当头、春风得意的时候,也许我们都会珍惜生活,感谢生活赐给我们的富足安康。可是当我们遇到不尽如人意的时候,我们还会心怀珍惜之情去看待生活吗?这时候,很多人会抱怨生活。但是,生活往往不会因为我们的抱怨而变得美好起来,有时候,我们的抱怨会让生活变得更加糟糕。

我们应当学会珍惜生活,珍惜生活给予的一切,哪怕面对苦难与挫折也是如此。心怀珍惜,我们都能发现人生的苦难与挫折,不过是让我们磨炼坚强意志的机会,是为了锻炼我们的才能,是天降大任前的苦其心志。有一句格言:"如果懂得苦难磨炼出坚忍，坚忍孕育出骨气，骨气萌发不懈的希望，那么苦难最终会带来幸福。"

生活给予我们苦难与挫折，而我们无法改变这种事实，那我们就心怀感激之情把它当作是美好的馈赠欣然收下吧！

先相信自己，别人才会相信你

拉罗什富科说："我们对自己抱有的信心，将使别人对我们萌生信心的绿芽。"

世界上没有任何两个人是完全相同的，大家都有各自的特点。对于别人身上的优点特质，我们可以仰慕和崇拜，但是我们绝对不能轻视和忽略了自身的长处；我们可以信任别人、相信他们有能力把事情做得出色，但首先我们最应该相信的人就是我们自己。对自己抱有信心，才能让别人相信我们。

一家公司的发展需要很多外部因素，资金周转就是一个非常重要的因素，所以获得银行的信用是非常关键的。只有资金周转顺畅，公司运行起来才会风生水起。

1918年，24岁的松下幸之助用仅有的100日元积蓄在日本大阪创立了一家电器制作所，这制作所里老板和员工总共就3个人，分别是松下幸之助和妻子以及松下幸之助的内弟。在外人眼里，松下幸之助他们要取得非常之成功似乎不可能，顶多只是小打小闹。但松下幸之助可不这么认为，他相信自己一定能开一个大公司。经过不懈的努力奋斗，松下电器接连推出了当时非常先进的配线器具、炮弹形电池灯以及电熨斗、无故障收音机、电子管等一个又一个成功的产品。7年之后，松下幸之助成了日本收入最高的人。财富的不断积累似乎已经意义不大，松下幸之助开始对今后的方向进行深入的思考。

1932年3月，一位朋友鼓励松下幸之助信教，松下说自己从不信教。那位朋友说："我过去也不信，但自从我了解宗教的价值之后，看到了自己从前处理人生诸事之谬误，也发现以前恼人之事离我而去，精神非常愉快，我的事业也随之兴旺起来。我愿与你分享信教之幸福。"虽然松下仍是婉言谢绝，但是朋友的

诚挚与"掩饰不住的快乐",却留给他深刻印象。10天之后,这位朋友再次来邀请,好奇心驱使松下幸之助接受了邀请,到该宗教的总部去参观。好友向松下介绍说,在制材所(制造木材的地方),每天都有大约100个义务工人,把从全国各地方信徒捐献来的木材,制造成柱子、天井、栋梁。每天有100个人来从事制材的工作,真有那么多的用途吗?松下幸之助有所怀疑,问道:"主殿盖好了之后,制材所不是就没有用处了吗?"好友很有把握地说:"松下先生,你不用担心,正在建设的房子盖好了以后,还会有其他的,每年都有建筑物要盖。我们必须扩大,绝对没有缩小之理。"松下幸之助听了非常钦佩,这种永远扩大的事业是企业家很难做到的。他们一走进制材所,就听到马达和机械锯子锯断木材的声音。在轰隆轰隆的杂音里,在满地堆放的木材边,只见很多工人流着汗,认认真真地从事制材工作。那种态度,有一种独特的、严肃的味道,和一般木材制造厂的气氛截然不同。

规模如此庞大而又肃穆的场面令松下幸之助十分惊奇与感动,不由得再三询问自己:我们的敬业精神与他们的最大差别到底在哪里呢?回到家之后,松下幸之助仍然思绪不断。到了半夜,他还在继续思考着。松下幸之助突然想道:企业是给予人们物质幸福的神圣事业,因此我们的工作也是至高无上的伟大事业。悟到这一点后,松下幸之助激动不已,伟大的使命让他有了继续奋斗的强大动力。

成功不会怜悯妄自菲薄的自卑者

我们每个人都有缺点，但我们应该从容地面对和努力地改正，而不是畏畏缩缩地躲在自卑情绪之下。可躲又躲不了，这种自卑者往往又是极为敏感的，别人不小心的碰触都会让其卑羞莫名。哪怕是别人的一个不经意的眼神或者是一句没有任何用意的话，自卑者都觉得是在对自己进行评头论足。

很多 20 几岁的年轻人在平凡的角落里担当着平凡的角色，所以他们习惯将自己隐匿，将自己孤立。自卑是他们心里的常客，他们不敢将自己表现出来，也因此很多次与成功擦身而过。

其实，我们每个人都是人生的主角，无论你突出也好，平凡也罢，都没办法做生活的看客。所以，相信自己吧，给自己一点儿信心，那样你会更快地遇见成功。

一天，西格诺·法列罗的府邸准备举行一个盛大的宴会，主人邀请了一大批客人，就在宴会开始的前夕，负责餐桌布置的点心制作人员派人来说，他设计用来摆放在桌子上的那件大型甜点饰品不小心被弄坏了，管家急得团团转。

这时，西格诺府邸厨房里干粗活的一个小仆人走到管家的面前怯生生地说道："如果您能让我来试一试的话，我想我能造出另外一件来顶替。"

"你？"管家惊讶地喊道，"你是什么人，竟敢说这样的大话？"

"我叫安东尼奥·卡诺瓦，是雕塑家皮萨诺的孙子。"这个脸色苍白的孩子回答道。

"小家伙，你真的能做吗？"管家将信将疑地问道。

"如果您允许我试一试的话，我可以造一件东西摆放在餐桌中央。"小安东尼奥开始显得镇定一些。

仆人们这时都手足无措，于是，管家就答应让安东尼奥去试试，他则在一旁紧紧地盯着这个孩子，注视着他的一举一动，看他到底怎么办。

这个厨房的小帮工不慌不忙地让人端来一些黄油。不一会儿，不起眼的黄油在他的手中变成了一只蹲着的狮子。管家喜出望外，惊讶地张大了嘴巴，连忙派人把这个黄油塑成的狮子摆到了桌子上。

晚宴开始了，客人们陆陆续续地被引到餐厅里来。这些客人当中，有威尼斯最著名的实业家，有高贵的王子，有傲慢的王公贵族，还有眼光挑剔的专业艺术评论家。但当客人们一眼望见餐桌上那只黄油狮子时，都不禁交口称赞，大家一致认为这是一件天才的作品。

他们在黄油狮子面前不忍离去，甚至忘了自己来此的真正目的。结果，这个宴会变成了黄油狮子的鉴赏会。客人们在狮子面前情不自禁地细细欣赏着，不断地问西格诺·法列罗，究竟是哪位伟大的雕塑家竟然肯将自己天才的技艺浪费在这样一种很快就会融化的东西上。法列罗也愣住了，他立即喊管家过来问话。于是，管家把安东尼奥带到了客人们的面前。也许因为总是蜷缩在偏僻的角落，人们忽视了安东尼奥的存在，也不肯相信他的实力，但是他自信地走了出来，并且将自己的才华发挥得恰到好处。

生活就是这样的，无论是有意还是无意，我们都要对自己抱有信心。不要总是拿自己的短处去对比人家的长处，却忽视了自己也有人所不及的地方。自卑是心灵的腐蚀剂，自信却是心灵的发电机。

德国哲学家谢林曾经说过："一个人如果能意识到自己是什么样的人，那么，他很快就会知道自己应该成为什么样的人。但他首先得在思想上相信自己的重要，很快，在现实生活中，他也会觉得自己很重要。"

对一个人来说，重要的是相信自己的能力，如果做到这一点，那么他很快就会拥有巨大的力量。

自信者的眼光总是放在自己的优势上，而自卑者总是把焦点聚集在自身的缺陷上。对于可怜的自卑者，我们只有"哀其不幸，怒其不争"。一个自卑者看不见自己的长处，也就谈不上发挥自己的优势，辜负上天赋予自身的才能是一种极大的浪费。成功是不会青睐这种自卑者的。

所以，20几岁的年轻人无论身处何境，都不要让自卑的冰雪侵占心灵，而应燃烧自信的火炬，始终相信自己是最优秀的，这样才能调动生命的潜能，去创造无限美好的生活。

第十一章

这十年,你要寻找一个一起成长的伴侣

爱情需要经营

20多岁，很多人刚刚离开学校，很多人刚刚开始意识到自己成年。这是我们事业的起点，也是我们爱情的拐点。关于爱，有太多诗词歌赋去分析，尤其是年轻人的爱情，炽热、浓烈但又不牢固。很多人觉得20多岁面对的爱情是纯粹的、浪漫的，实际上当我们独自面对未知的人生时，才会知道这时候的爱情是残酷的，也是关键的。你的第一份正式情感的经历，对你今后的人生都会有影响。有人在爱情中降低自己，走上一条身不由己之路；也有人在爱情中找到自己的价值，笑着面对未来的人生。如果你不希望自己在40多岁的时候报怨今天的家庭和子女都不是你想要的，如果你希望自己在中年时回首今天的爱情觉得坦然而感激，那么你就需要多动一些经营爱情的法则——让爱情成为你生命中的美景，而不是引诱你放弃的"太虚幻境"。

那么，很多人想要问：当我的人生规划和她的有冲突时，我应该和她分手吗？

网络上也有很多类似的问题，大部分的意见是："大丈夫何患无妻？"只要事业成功了，还用担心没有娇娘相伴吗？

我们且不去看如今相亲节目中那些纯粹寻找"投资方"的单身女性的选择，也不要在意新闻上报道的老翁娶年轻姑娘是否有真感情，我们只需要关注一个问题——我们现在面临的最重要的问题是什么？是娶一个自己喜欢的妻子吗？

相信很多人的回答都是否定的，认为毕竟我们的人生刚刚开始，一切都是未知数，实现自己的抱负，展示自己的才华，找到一个真正适合自己的位置才是当前我们关注的重点。壮志未酬，何谈儿女私情？如果仅仅因为爱情上的不顺利而自暴自弃，这样的男人还在犯"幼稚病"。要知道，我们每个人都是生而独立的，失去谁，我们的生活都会继续，何况还有更加值得我们在意和投入的事情去做。

当你面对左右为难的感情问题时，千万不要硬逼着自己做决定，用自己40岁时的眼光来看看今天的情况，再做决定会是比较理想的选择。

其实，真正的爱情和事业之间是不会相互矛盾、水火不容的。因为真心相爱的人会心甘情愿地支持对方的工作和追求，真正爱你的女孩会愿意在身边一直陪伴着你。如果她选择放弃，不要悲伤，这也意味着你可能刚好错过了一段糟糕的婚姻。

中国历史上有很多伉俪情深、举案齐眉的典故，近代也有类似的佳偶。作为一个有事业心的男人，你要坚信自己一定可以等到值得自己珍惜的爱情。而在这之前，你只需要好好地做大做强自己，让自己有能力为对方提供更好的生活环境和生活品质，这样，你会遇见一个和自己匹配的女孩。

其实，很多人并不真正懂得爱情。爱情是需要建立在相互尊重和欣赏之上的，只有她真正尊重你，欣赏你，才会愿意和你同甘共苦。否则，任何小小的误会都会成为爱情的炸弹。

把另一方的付出视为理所当然时，你就会把她当作自己人了，会压制对方各种享受自己生活的权利。而实际上维持爱情，双方必须是平等的，一方都不可能成为另一方的附属物和牺牲品。既然双方是平等的，我们就要学会尊重，尊重对方的存在和对方的一切独立因素。经营爱情的要素有很多，承担责任，感情公开、忠诚，有高度自尊，对人生持积极的态度，等等。而尊重才是真正爱情赖以建立的基础，认为另一半的付出是理所当然的最根本的原因就是双方彼此的不尊重。

尊重就要相敬如宾，这里没有"牺牲""奴隶""暴力"，只有"理解""关怀""爱慕"。正如美国人纳撒尼尔·布拉登在《浪漫爱情的心理奥秘》里的描述：受到爱侣的尊重，我们就会感受到一种理解和被爱，感受到彼此的心心相印。从而不断地增强我们对爱侣的爱慕之心。尊重让我们心灵坦然、释怀、心胸宽广，尊重让彼此的心挨得更近，更加从容地面对一切挑战，生活也就明亮而灿烂。

失去爱情很容易，就像一块易碎的玻璃制品，不经意间就会被打破，七零八落，很难收拾。没有面包的婚姻更是让人感到悲哀的。我们对待爱情就要像烘制面包一样，一遍又一遍，让它永葆新鲜，如西方哲学家赫拉克利特说的："太阳，每天都是新的。"这里提出了一个经营爱情的概念，所谓经营爱情就是说恋爱双方对爱情要进行投入产出，要不断更新和发展这个胜利果实以保持双方的亲密度。这种经营不仅是指物质上的，更多的还是强调精神上的：培养共同的兴趣、爱好，营造良好的家庭氛围，等等。爱情是个互相感动的两情相悦，是男女之间从心底深处发出的欢喜和快乐。爱情是需要经营的，在经营中才能建立更深厚的爱情。

"培养"你的理想恋人

大多数人都相信，爱情方面最重要的就是找到一个合适的搭档。那么，我们可以遇到百分百的爱情吗？回答是不太可能。如果我们总是觉得眼前的这个人不合心意，或者在相处一段时间之后发现还有这些缺点是之前没有看到的，你可以选择结束这段感情，但你下一次就能找到真正合适的那个人吗？

的确，找到一个和你气质相投的人是非常重要的，但这并不意味着我们要终其一生去寻找属于自己的人。这个世界上有60多亿人，除了那些极度浪漫的人之外，大部分人都相信，这60多亿人口中并不止一个适合你，肯定有一些人是适合你的。而我们只要遇见其中的一个，只要用心去培养，就能得到理想的爱情。反之，如果我们总是觉得眼前的这个人不合自己的心意，或者在相处一段时间之后发现还有某些缺点是以前没有看到的，你可以选择结束这段感情，但你永远也无法找到真正合适的那个人。因为，绝对完美的爱情是根本不存在的。

一时的激情是很容易的，尤其是对于那些俊男靓女而言，我们可能在头一年两年里都不会觉得厌倦。但要想有一个更长久、更稳定的关系，培养比寻找更加重要。与其总是花时间去找你的完美女孩，还不如去培养你已经选择的女孩，让她更加了解你需要怎样的爱。

培植亲密关系并不是简单地戴上戒指或者明誓忠诚，而是靠一起共事，生活。从这一点来说，我们并不是要给相恋时的爱情"保鲜"，而是要让初恋时的爱情慢慢地转变，丰盈，升级。我们可以靠时间来酝酿感情，或者我们可以积极投身去做一些事来表达我们的爱。

我们对自己的认知通常是通过行为方式而形成的，例如如果我们走上前去邀请别人，不管对方的反应如何，我们都会觉得自己是个自信的人；如果你参加了某个比赛，你会认为自己是勇敢的；如果你把自己照顾得很好，那你会认为自己有很强的自理能力。

同样的道理，如果某个人对自己的孩子有细致照顾的行为，他就会下结论说他爱这个孩子，这种爱也会随着这种行为——认知的逻辑链而愈加强烈。

对于你的爱侣，即使你们一见倾心，但之后不付出努力去维护，这种爱就会随时间的流逝而消失，只有通过激活关系中的行为活动，爱的关系才能持久。很多妻子都是因为无法忍受长时间被丈夫遗忘，才提出离婚的。根据一项对婚龄有20年、30年、40年的夫妇的调查研究发现，他们能依然有激情、关系亲密，最重要的原因就在于他们往往像理解自己一样理解对方。

如果我们想要被别人了解，我们就得敞开心扉，回顾自己，分享自己的情绪。但通常我们并不是很大胆地去向别人展示自己，或者是没有足够的自信去那样做。我们会不自觉地希望对方看到的，刚好是他想看到的那个自己。如果说你表现出来的音乐品位、食物偏好、衣饰风格刚好和你的另一半一模一样，那确实很浪漫、很有"命中注定我爱你"的感觉，但这是不是意味着你就要去按照对方的品位来安排自己的音乐、食物和衣服呢?

如果你总是尽量给别人留下"我很完美"的印象,真实的你是非常累的。很多娱乐圈里面的明星就很受不了每分每秒都保持闪亮微笑的生活,而且当他们一旦露出自己与俗常之人无异的一面时,观众们不会觉得这是真实的他而接纳他,反而会觉得自己受到了伤害、欺骗。

要被了解,就意味着你的弱点、失败、焦虑、错误等等都要

展现出来，让对方看到一个真实的你。也就是说，当你和爱人在一起相处的时候，尽量去分享你自己的感觉。谁都想被自己的伴侣认可。但是，这并不是健康关系的基础。这也是很多夫妇的误区。一个健康的关系就是要揭示自身，而非试图不停地让别人铭记自己。

当你揭示自己的时候，确实是一种冒险。真实的你有时候会导致关系中的冲突、不合，这是很正常的。从长远来看，如果你经常揭示自己，敞开心扉分享自己，那么你们的关系就是在成长。

爱才是婚姻的基础

恋爱是两个人的感情，而结婚则是一群人的事情。婚姻的背后是稳定的关系，但也是有关责任的"契约"，如果你感觉自己还没有能力对另外一个人、一个家庭负责，你最好不要选择用求婚来表达自己的爱。

爱情产生快乐，婚姻则产生人生，快乐消失了，婚姻依旧存在。真正成熟而稳定的婚姻，必须考虑到两人结合后的感情发展，而在现实生活中却出现了这样的现象：2秒钟可以冲好一杯速溶咖啡，2分钟可以把牙刷完，2小时可以看完一场精彩的足球比赛……在有限的时间内，想知道有人在做什么吗？闪婚一族说："2秒钟可以爱上一个人，2分钟可以谈一场恋爱，2小时可以确定终身伴侣。"在如今这个一切都讲求速度的年代，原本温馨、甜蜜、幸福的婚姻，就这样搭上了特快列车。闪婚，这一新的婚姻模式已在现代都市中悄然流行，而这些"闪婚族"们由于没有经过婚前的磨合期，缺乏"免疫力"，很容易被残酷的现实所击倒。

与传统社会相比，现在是一个资讯非常发达的时代，广泛的人际交往空间使情感火花碰撞的空间变得无限，但外在诱惑对情感的威胁也加大了。明星闪电结婚又闪电离婚的新闻已经不是什么新鲜事了，过来人对闪婚的结果看得很理性，但是年轻人却依旧相信一见钟情式的婚姻。瞬间的激情的确很浪漫，但这浪漫会让我们丧失理性，看不到对方的缺点，但是婚姻是现实的，当尘埃落定后，那些缺点会暴露无遗。它们会一次又一次挑战你的忍耐力，在外在和内在的双重压力下，磨合不好的结果就是婚姻走向解体。

对于一个人来说，情感投入是一生中最重要的投入，一个婚姻关系的缔结，不仅仅代表两个个体的结合，更连接了两个家庭及各种社会关系。婚姻所带来的影响是非常大的，即使婚姻关系解除仍有许多问题存在。闪婚不可取，闪婚不可能做到来无影去无踪，选一个人过一段日子与过一辈子是不一样的，投入的精力也是不一样的，所以结婚时一定要慎重。

现今社会快节奏的生活，给人带来的压力大了，让人的心灵脆弱了，很多时候会盲目地寻求感情的慰藉，像吃快餐一样，饱了就行，营养就顾不得了，而婚姻恰恰是需要营养的，这个营养不是一蹴而就的，而是日积月累磨合出来的；这个磨合不仅在婚后，也有婚前的磨合，那就是了解。婚姻不是男女之间的游戏，不是一般意义上的普通朋友，两人一旦缔结婚姻就要承担生育、相互扶持、照顾等责任。家庭是社会的细胞，只有家庭稳定社会才稳定，因此两人选择结婚一定要慎重。基于此，不要轻易尝试闪婚。

成就一段婚姻，仅有爱情是不够的，还需要很多其他的智能。恋爱时的两个人是盲目的，而婚后，他们开始睁开眼睛，但愿那时不要惊讶地慨叹：天哪，这就是我当初爱上的那个人吗？婚姻既是浪漫的，也是现实的，鲜花、烛光、红酒只是婚姻的一个侧面，更多的是柴、米、油、盐，说白了，婚姻就是实实在在的生活。就像那首歌中所唱的：我能想到最浪漫的事，就是和你一起慢慢变老；直到我们老得哪儿也去不了，我还依然是你手心里的宝……这种境界是仅凭一时的冲动和激情而草率成婚的人所无法企及的。

结婚不是找最好的，而是找最合适的

有人说找配偶如买鞋子，合不合适只有自己才知道，虽然每个人都穿着鞋子，可是只有自己最清楚，选择一双合适的鞋子其实并不容易。

许多人都有第一眼看上去就很喜欢的鞋，而至于穿上的感觉如何，就只有自己的脚知道了。有的鞋看上去华丽名贵，穿上脚

却不舒服，穿的时间长了，甚至还会伤到脚；有的鞋看上去虽然粗俗普通，但却舒服耐用，适合远行。别人看到的是鞋，自己感受到的是脚的舒适度。当你穿上一双舒服合脚的鞋时，便能轻松上路、健步如飞；当你穿上一双不合脚的鞋时，则可能会负重而行，步履蹒跚。

大千世界，有无数双可供我们选择的鞋，而脚却只有一双！漂亮的高跟鞋最能诱惑女人，心动之下便会将其据为己有。可是穿高跟鞋的滋味，每个女人都深有体会——腰酸背痛，恨不得身边有张床，立即软泥似的瘫下去。精明端庄不过是装腔作势而已，其实内心里慵懒至极。有时女人也会穿一双休闲鞋出门，虽然舒服，但又嫌太过邋遢，在屡屡的攀比中，休闲鞋退下阵来。

找配偶也如选鞋子，但挑选配偶却比选鞋子更难。有的人选配偶时也像赶时髦，流行什么样的，他们就一窝蜂地冲上去，在他们心里只要流行的东西就是最好的，不管那样东西是否适合自己。

有人说脚正不怕鞋歪，再歪的鞋子也要看穿在什么人的脚上。虽然说这句话有一定的道理，可是去适应这样的一双鞋子，脚要磨出多少血泡，穿的人又要忍受多少痛苦，到了最后百忍成金，而这双鞋子却已破得不成样子了，就如婚姻已经残缺，再想弥补，也是不能够，最终只得抛弃这双鞋子，再买新的。

一双普普通通的鞋子、一件普普通通的衣服，也许穿在别人身上看不出来有多么出众，可有时穿在自己身上却有着与众不同的效果，因为适合自己，而自己也适合它们。

婚姻是因为相爱，也是因为适合而两个人相依相守。现在就连鞋子都返璞归真了，更多的人喜欢起轻便的平底鞋，而衣服也少了些花哨，多了些简约。

20几岁的年轻人的眼睛不能光盯在那些华丽的鞋上，其实简单合适的鞋子更容易搭配衣服，如同婚姻，不是给别人看的，而是让自己能得到一生一世的幸福。不管是婚姻还是鞋子，只有适合自己的才是最好的。

在生活中，有些婚姻价值连城，男人和女人的物质条件都好，结为秦晋之好互惠互利，或者女人攀上高枝，做了娇妻。外表看起来炫目至极，可也有难言的苦衷。有些婚姻存在的基础是纯粹的爱情，因为这种爱情在世间几近绝迹，因此也显得弥足珍贵。虽然在他人眼里，他们步履维艰，贫贱夫妻，百事皆哀，可所见也未必就是真实的情景，如人饮水，冷暖自知，外人无法无端揣测。

一双鞋，只有勤加擦拭，才能时时亮洁如初。否则质地再出众，也经不住岁月的摧残。而婚姻这样珍贵又细嫩的东西更需要勤于保养才能永远保鲜。

不少已婚的人，他们在婚前可能是"勤快"的，愿意将自己最好的一面展现给对方，但一到婚后就开始变得"懒惰"了——懒得说"我爱你"，懒得打扮自己，懒得为对方做事，懒得与对方沟通……他们一方面是觉得来日方长，以后再说再做也不迟，另一方面是觉得反正已经是夫妻了，没有必要再下这些功夫。时间一长，两个人的婚姻就像那些因为一时懒惰而疏于擦拭的鞋，渐渐地蒙上了"灰尘"。如果再不警醒，不动手"清洁"，任凭"灰尘"存在，那么，婚姻也许迟早会像疏于保养的鞋子一样，变了形，走了样，最终只有将其扔掉。

夫妻交流，避开 4 个误区

俗话说，良言一句三冬暖，恶语伤人六月寒。在社会上的人际交往中是这样，在家庭成员的相处中也是如此。遗憾的是，现实生活中，不少夫妻在语言交流的问题上还存在着一些不正确的看法，生活在误区中。

总体来说，20 几岁的夫妻在平时的交流中，应避开以下 4 个误区：

误区一：夫妻之间的语言交流，仅限于谈家事，而不谈单位的事

这些夫妻认为，夫妻之间的交流就应该是夫妻之间的事、家庭的事，而不应该谈及家庭之外的事。他们觉得，和对方谈自己单位的事没有必要，说不定还会惹麻烦。对方不在自己的单位工作，因而对自己单位的情况不了解，要向对方讲清一件事并不容易，还是不说的好。

这种看法似乎有道理，但仔细分析一下就会发现这样是不对的。我们爱一个人是爱他的人格、智慧、才能，等等，没有全面的了解，怎么会有全面的爱呢？

相互间谈谈单位的事，谈谈自己对这些事的看法，交流一下心得，这本身就是一种学习、一种研讨、一种提高。有高兴的事，说出来共同分享；有不顺心的事，说出来请对方帮助指点，诉说衷肠，从而减轻压力和烦恼。这本来就是夫妻间相互支持、相互信任的体现。

误区二：结婚就是两个人在一起过，没有什么好交流的，话说多了就是在浪费时间

这类夫妻认为，结了婚，双方的关系已经牢固，就不需要再花太多的时间来谈情说爱和交流思想了。事实上，夫妻之间的感情并不是固定不变的，而是经常变化的。因为，任何感情都是时间和具体条件的产物，不存在永恒不变的情感，夫妻之间只有不断地创造情感生活的新内容、新形式，才能保持爱情之树常青。而语言交流，就是创造的重要内容和形式。

夫妻间没有了交流，便没有了理解，没有理解便没有共识，更难有相互的忠诚和支持，所谓的"海枯石烂、天长地久"便很难实现。回到家少说话或不说话，夫妻之间就是一起吃饭、睡觉，这样的夫妻生活，怎么会不令人感到乏味？

误区三：既然结婚了，就是一家人，说话就不用再谨慎了

在谈恋爱时，20几岁的年轻人很注意自己的语言表达，包括有声的和无声的，有形的和无形的，说话总是"想着讲"，生怕自己的话讲得不得体使对方不愉快。"想着讲"就是对方怎么愉快，自己就怎么讲。可以说，甜蜜的爱情，是通过对自己语言和行动的自觉限制而实现的，倘若没有限制，既没有爱情，也没

有甜蜜。

于是，结婚之后，他们便认为大功告成了，该松口气了，说话不再讲究艺术和技巧，而是变得放任自流、无所禁忌。例如，谈恋爱时，他说："亲爱的，请把门关上好吗？"而结婚后，他却说："喂，关门！"特别"简洁"，不愿多说一个字，还带着一种令人不愉快的语气。

这样一来，原先爱情的甜蜜，便让位给了不愉快的信息刺激，家庭的矛盾、婚姻的裂缝自然就产生了。如果不及时调整、修正，婚姻就会向更坏的方向发展，直至离婚。

大量的事实表明，婚后不注意语言交流艺术，不创造语言交流的形式，是绝大多数家庭成员之间产生误会、矛盾，以致反目的极其重要的原因之一。

误区四：夫妻之间没有什么好顾忌的，什么都可以谈，而且越多越好

按理说，夫妻之间确实没有什么顾忌的，应该是什么都可以谈的。因为既然真诚相爱，就应该明白实在，有什么话就痛痛快快说出来，不必吞吞吐吐，瞻前顾后。

但是，事情并非真是这样。因为信口开河讲些没根据的话，或口不择言讲些不在理的话都会给"爱情"罩上一层阴影。

夫妻之间，大事小事、家事外事，最好多商量，避免风险，减少损失，让对方有"同呼吸、共命运"的感觉。这样，婚姻才能和谐、长久。

20～30岁，你拿这十年做什么

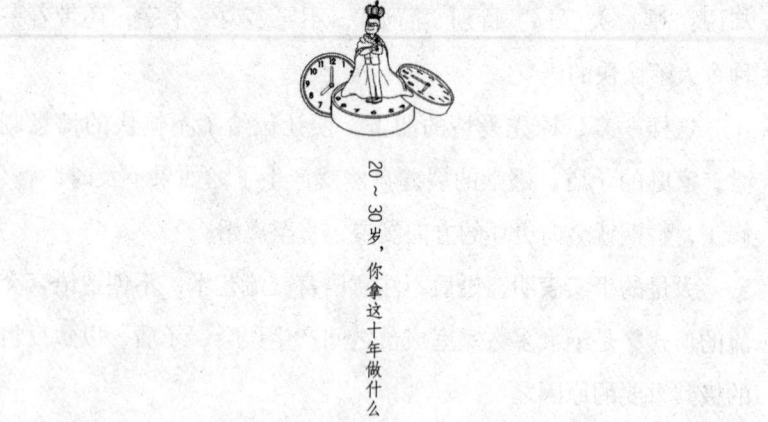